Das Körper-Seele-Geist-System

Susanne Schwarz

© 2014 by Susanne Schwarz. Alle Rechte vorbehalten.

ISBN 978-1-326-09773-8

Für Prof. Dr. Jürgen Koebke, einen großen Lehrer, und Thomas Wiechoczek, einen guten Freund.

1. Die Verbindung von Naturwissenschaft mit der Macht des Seelischen

"Die gefühlsmäßige Intuition ist ein göttliches Geschenk, der denkende Verstand ein treuer Diener. Wir haben eine Gesellschaft geschaffen, die den Diener ehrt und das Geschenk vergisst."

Albert Einstein

Als Naturwissenschaftlerin und Seelsorgerin geht es mir um eine Ganzheitlichkeit, die ein „Sowohl-als-auch" beinhaltet. Das Körperliche ist vom Seelischen und vom Geistigen ebenso wenig zu trennen wie die neurophysiologischen von den psychologischen Aspekten oder eine biologische Behandlung von einer psychologischen. Das einzig Sinnvolle ist ein verschmelzendes Gesamtverständnis dieser Themenbereiche zu sein, unter Beachtung der Regeln und Würdigung jedes einzelnen Gebietes.

Die Seele ist von Körper und Geist nicht zu trennen, alle drei – scheinbar abgegrenzten – Instanzen durchwirken sich. Man weiß auch wissenschaftlich mittlerweile, dass Körper, Seele und Geist nicht zu trennen sind, dass biologische Prozesse das Seelische und Geistige betreffen und seelische oder geistige Prozesse im Körperlichen bis hinunter zur konkreten Zellebene wirksam sind. Geschichtlich gesehen stammt die geläufigste Einteilung Körper-Seele-Geist aus der griechischen Philosophie und Kultur. Medizinisch gesehen bestehen so viele unmittelbare und vielfältige Wechselwirkungen, dass passender ein funktionelles Verständnis eines Dreier-Systems scheint: ein Körper-Seele-Geist-System.

„Ausgerechnet die typischste Naturwissenschaft – die Physik – kommt also heute neben der Medizin zu der Erkenntnis, dass das Ursprüngliche der Geist ist. Und dann gibt es Momentaufnahmen, in denen der Geist zur Materie wird. Es gibt nichts beständig Seiendes auf der Erde. Es gibt nur Wandel, Prozesse, Veränderung und Entwicklung. All dies sind Charakteristika des Mensch-Seins. Das Typischste, vielleicht Beste am Menschen ist seine Selbstentwicklung", subsummiert Jörn Klasen, Arzt für Anthroposophische Medizin, Soziologe und Heilpädagoge.

Nach meinen wissenschaftlichen Erfahrungen gelangte ich immer mehr zu der Überzeugungen, dass erstens Körper, Seele und Geist stets als Einheit betrachtet werden sollten, und zweitens, dass die Selbstheilungskräfte dieses „Systems" von erheblichem Ausmaß sind. Biologische Behandlungsmethoden heilen und reduzieren Beschwerden. Seelische Heilmethoden heilen ebenfalls und aktivieren die individuellen Selbstheilungskräfte und erreichen damit erstaunliche Erfolge.

Wenn man also die wissenschaftliche biologische Medizin mit den psychotherapeutischen Methoden verbindet, die körperliche mit der seelischen Ebene, die geistige mit der geistlichen Dimension, sprengt man damit Grenzen gesprengt – Grenzen des eigenen

Denkens, Grenzen der Berufe, Grenzen der Zuständigkeiten und Kompetenzen, Grenzen des Selbstverständnisses – und damit können unerwartete Heilungsprozesse in Gang gesetzt werden.

„Was von uns liegt und was hinter uns liegt, sind Kleinigkeiten zu dem, was in uns liegt. Und wenn wir das, was in uns liegt, nach außen in die Welt tragen, geschehen Wunder."

Henry David Thoreau

2. Basis

Für das Verständnis ist zunächst einmal wichtig zu wissen, mit wem man es überhaupt zu tun hat. Ein „Neurologe" ist ein Facharzt für die Erkrankungen der Nerven, Muskeln und des zentralen Nervensystems, Gehirn und Rückenmark, also für die „rein" körperlichen Aspekte des Nervensystems.

Ein „Psychiater" wiederum ist ein Arzt, der sich mit den Störungen und Erkrankungen des Seelischen und seinen körperlichen und geistigen Wechselwirkungen beschäftigt. Ein „Psychologe" ist ein Wissenschaftler, der sich hauptsächlich mit den gesunden Phänomen und Wirkweisen des Seelischen beschäftigt. Gemeinsames Betätigungsfeld von Psychiater und Psychologe ist die Psychotherapie, in der versucht wird, mittels welcher Art von Gesprächen auch immer, Einfluss auf die Wahrnehmung, Verarbeitung und Reaktion des leidenden Menschen zu nehmen.

Beschreibung

Wenn ein Mensch vor einem sitzt, hat man selbstverständlich zuerst einmal einen Eindruck, der einen Hinweis an die Intuition des Behandlers geben kann, wie es dem Menschen aktuell geht.

"Betrachten wir ein [...] Szenario: Sie sitzen [...] im Zug, [...] und jemand verhält sich eigenartig. Sie verstehen einfach nichts. Sie fragen nach, sind neugierig (in der Praxis, wo sich die Episode auch abspielen könnte, wollen Sie einfach nur gründliche Arbeit [...] leisten).

Und doch können Sie sich noch so abmühen: Es bleibt beim Unverständnis, und vielleicht wird Ihnen die Person sogar ein bisschen unheimlich. Dieses Gefühl ist [...] gut bekannt, und der Psychiater Rümke hat ihm einen Namen gegeben: Praecox-Gefühl. Er übertrieb es damit allerdings dahingehend, dass er dieses Gefühl (das einen guten Hinweis darstellt, wie man auf eine Diagnose kommt) mit einem Grund verwechselte, diese Diagnose zu stellen. Das aber geht nicht, denn Diagnosen werden gestellt, weil der Patient bestimmte Kriterien erfüllt, und nicht, weil beim Arzt ein bestimmtes Gefühl besteht. Deswegen ist auch die manchmal geäußerte Kritik an psychiatrischen Diagnosen (wenn der Psychiater nichts versteht, ist der Patient krank) unzutreffend. Man muss hier klar unterscheiden zwischen dem "Draufkommen" (der Genese einer Idee) und dem "Begründen" (das heißt ihrer Rechtfertigung).

Aber Gefühle sind wie feine Seismographen, sie zeigen an, dass irgendetwas nicht stimmt, dass etwas zwischen Ihnen und einer Person "nicht richtig schwingt", lange bevor Sie erkennen, warum dies so ist. Diese Seismographen zu trainieren und zu benutzen, ohne sich von ihnen dauernd die gute Laune vertreiben zu lassen, gehört zu den Aufgaben des Psychiaters, ähnlich wie der Chirurg ein Gefühl für Fäden und Knoten entwickelt." (Spitzer 2003)

Das heißt, mittels des Eindrucks, den man von demjenigen Menschen, der einen konsultiert betrifft, wird eine systematische Analyse und Beschreibung des Seelischen vorgenommen. Diese wird auch nicht abschließend beendet, sondern im Laufe des Prozesses der gemeinsamen Zusammenarbeit immer weiter fortgeführt, auch miteinander geteilt und verfeinert.

3. Differenzierungen

Vor der Stellung einer „Diagnose", im Sinne einer Zusammenfassung des Problems des Menschen, halte ich es für sinnvoll, sich der Differenzierungen der Datenverarbeitung des betroffenen Menschen, seiner Muster im Denken, Verhalten und Fühlen sowie seiner inneren Muster und deren Bewältigungsmodi zu widmen.

Hochsensibilität

Alle Menschen haben verschiedene gegenspielende Systeme in ihrem Bewusstsein. Eines der Systempaare sind das „Innehalten-und-Nachdenken-System" und das „Drauf-los-System." Ist das Innehalten-und-Nachdenken-System wesentlich stärker als beim Durchschnitt der Menschen ausgeprägt, spricht man von Hochsensibilität.

Es handelt sich um ein biologisches Phänomen, das bei ungefähr 20 Prozent aller Menschen und aller Tiere auftritt. Es findet sich offenbar bei allen Tieren bis hin zu Stubenfliegen oder Fischen. Zu großen Teilen erforscht wurde dieses Phänomen von Elaine Aron. Hochsensible Menschen und Tiere nehmen Reize wesentlich intensiver, also "sensibler", wahr als die restlichen 80 Prozent. Die hochsensiblen Menschen und Tiere sind außerdem aufmerksamer und lernfähiger, allerdings leichter zu irritieren und zu verunsichern. Sie nehmen mehr Eindrücke und Nuancen auf und verarbeiten diese gründlicher, allerdings in ganz unterschiedlichen Bereichen, wie

Geräusche, Farben, Harmonien, logische oder intuitive Verknüpfungen. Daher sind sie auch schon früher "gesättigt".

Hochsensible Menschen und Tiere nehmen Stimmungen und Gefühle nicht nur bei sich, sondern auch bei anderen stärker wahr. Sie denken aufgrund des stärker ausgeprägten „Innehalten-und-Nachdenken-Systems" gerne in größeren Zusammenhängen und haben tendenziell mehr Verantwortungsgefühl bis hin zum Perfektionismus.

Da die Hochsensibilität speziesübergreifend in relativ stabilem Prozentsatz auftritt, geht man davon aus, dass die Entwicklung der Hochsensiblen einen Evolutionsvorteil darstellt. Im Grunde genommen ist die Hochsensibilität ein Symptom für Menschen mit einem besonders stark ausgeprägten "Innehalten-und-Nachdenken-System" des Bewusstseins.

Schwierigkeiten von hochsensiblen Menschen liegen nicht daran, dass sie weniger Reize aushalten, sondern dass sie wesentlich mehr Reize wahrnehmen und diese intensiver verarbeiten. Hochsensibilität hat die vollkommen biologische Ursache eines besonders sensiblen Nervensystems. Oft wird auch auf Medikamente sehr sensibel reagiert.

Mehr und feinere Einzelheiten werden aufgenommen. Eindrücke werden ausführlicher und tiefer verarbeitet. Dies hat viele angenehme und nützliche Auswirkungen, aber auch oft eine Überstimulation zur Folge, die unangenehm ist. „Hochsensibilität" korreliert mit einer sehr intensiven „emotionalen Datenverarbeitung", also der Neigung, Reize, Daten und Informationen sehr intensiv emotional zu „verrechnen".

Hochsystematik

Ist bei einem Menschen die rationale, also „systematische Datenverarbeitung" besonders stark ausgeprägt, spricht man von Hochsystematik. Meistens kommt Hochsystematik bei hochsensiblen Menschen vor, ist jedoch wesentlich seltener. Hierbei werden die Daten rational und systematisch über den „Kopf verrechnet". Sind beide Datenverarbeitungen intensiv, dann handelt es sich zwar um einen sehr leistungsfähigen „Rechner", der aber auch leichter „heiß läuft", also überfordert ist.

Hochsystematische Menschen bevorzugen Kontakt unter vier Augen oder mit möglichst wenig anderen Menschen. Halten sie sich auf einem Fest auf, sprechen sie meistens mit jemandem intensiv unter vier Augen, halten sich am Rand des Geschehens auf oder tanzen – auch dabei ist man für sich.

Hochsystematische Menschen brauchen einen Rückzugsort, haben vielfältige Spezialinteressen, die sie mit großer Ausdauer und Freude verfolgen, ihre täglichen und alltäglichen Rituale, ein extrem gutes Langzeitgedächtnis Dinge betreffend, die sie interessieren, jedoch Schwierigkeiten mit dem Gedächtnis, wenn sie etwas nicht interessiert, eine extrem gute und vor allem lange Konzentrationsfähigkeit, wenn sie etwas interessiert, jedoch Schwierigkeiten mit der Konzentration, wenn sie etwas nicht interessiert, neigen zu Spezialbegabungen und kennen praktisch keine Langeweile.

Sie denken bewusst bei der zwischenmenschlichen Interaktion nach, daher wird es für sie umso komplizierter, je mehr Menschen ihnen "gegenüber" stehen. Während für andere Menschen die Kommunikation eher unsortiert und unbewusst etwa wie ein Gruppenspiel abläuft, ist für hochsystematische Menschen Kommunikation eher wie beispielsweise Tennis. Der andere steht auf der anderen Seite des Netzes. Sie kommunizieren wesentlich aktiver, konzentrierter und bewusster. Wenn jedoch mehr und mehr hinzukommen, ist es, als kämen auf der anderen Seite des Netzes mehr Mitspieler hinzu - und hierbei ist irgendwann die Kapazität begrenzt. Man zieht sich immer mehr an den Rand des Geschehens zurück und wird immer stiller.

Mustertypisierungen

Der Mensch ist bestimmt durch Muster im Fühlen, Denken und Verhalten. Jeder Mensch findet Teile dieser Muster in sich selbst wieder, mal mehr und mal weniger. Problematisch wird es, wenn ein bestimmtes Muster mehr und mehr wiederholt wird, zuungunsten anderer Alternativen im Denken, Fühlen und Verhalten.

Mustertypisierung nach C.G. Jung, Myers-Briggs und dem Enneagramm

Der medizinischen Musterklassifikation ziehe ich die folgende Typisierung, verschmolzen aus dem Myers-Briggs-Test, der Typologie nach C.G. Jung und dem Enneagramm vor. Sie hat sich in der Praxis bewährt, bezeichnet sowohl Probleme und Schwierigkeiten des einzelnen Musters als auch die Stärken und Ressourcen und gibt einen konkreten Hinweis, worauf man in der späteren gemeinsamen Arbeit achten sollte. Auch hier gilt, dass jeder Mensch jedes Muster in gewisser Weise in sich selbst wiederfinden wird, bemerkenswert jedoch eine Bevorzugung von einzelnen Denk-, Fühl- und Verhaltensweisen unter Vernachlässigung anderer ist.

Perfektionist

Verantwortungsvoll und auf Verbesserung ausgerichtet

Ein „Perfektionist" strebt nach Vollkommenheit. Er will gerne alles richtig machen. Ein Ideal, das nicht erreichbar ist. Er zeichnet sich aus durch Objektivität, Anstand und Gerechtigkeitssinn. Sein unbestechliches Gefühl für Wahrheit und Gerechtigkeit verleiht ihm ein starkes moralisches Rückgrat. Für seine Überzeugungen ist er bereit durchs Feuer zu gehen.

Ein „Perfektionist" ist ein ernsthafter Mensch. Er schätzt hohe Prinzipien, ist kompetent, manchmal auch kompromisslos. Er befolgt selbst die Regeln, deren Einhaltung er auch von anderen erwartet. Manchmal ist er ein „Workaholic". Wo immer er sich beruflich verwirklicht, ist er ein aktiver und praktischer Mensch, der die Dinge geregelt kriegt. Er ist ein natürlicher Organisator, Listenersteller, der alles erledigt, das auf der Liste steht, geschäftig, zuverlässig, ehrlich und pflichtbewusst.

Ein Problem ist, dass der „Perfektionist" aus Angst, Fehler zu machen, darauf bedacht ist, möglichst überlegt und vernünftig zu reagieren. Dieses unbedingte Streben nach Perfektion wächst sich bei einem „Perfektionisten" schon mal zu Nörgelei aus. Bei ihm findet sich manchmal eine ins überhöhte gehende Ordnungsliebe, manchmal auch das Gegenteil, nämlich Chaos, weil er alles richtig ordnen will und dazu nicht kommt. Gerade die Angst vor der eigenen Unvollkommenheit kann einen „Perfektionisten" zu einem gnadenlosen Richter seiner eigenen Fehler und Mängel machen. Häufig verbreitet er aber unterbewusst bei seinen Mitmenschen das Gefühl, seinen hohen moralischen Ansprüchen nicht genügen zu können. Wenn er unausgeglichen ist, kann er intolerant oder ungnädig wirken. Wenn er nur halbwegs im Gleichgewicht ist, kann er idealistisch, aber auch pedantisch auftreten. Wenn er mit sich im Reinen ist, kann er tolerant, vernünftig und objektiv sein. Seine Stärken sind Präzision, ein gutes Vorbild zu sein und hohe ethische Grundsätze.

Einem „Perfektionisten" kommt es im Wesentlichen darauf an, Dinge zu verbessern. Er ist ein Idealist. Ein „Perfektionist" hat einen scharfen Blick für Details. Er ist sich ständig der Mängel bei sich selbst, bei anderen oder in den Situationen, in denen er sich befindet, bewusst. Das spornt sein Bedürfnis nach Verbesserung an. Dies kann eine Wohltat für alle Beteiligten sein. Es kann sich aber auch als Last erweisen - sowohl für den „Perfektionisten" als auch für diejenigen, die die Verbesserungen abbekommen.

Das (unterdrückte) Gefühl

Obwohl ein „Perfektionist" stets einen kontrollierten und disziplinierten Eindruck macht, ist das unterdrückte Gefühl, das ihn antreibt, die Aggression. Seine Aggression richtet sich auf jede Art von Unvollkommenheit, die natürlich überall zu entdecken ist. Diese Leidenschaft, die dem „Perfektionisten" in seinen Kämpfen um Weltverbesserung auch seine Energie verleiht, treibt ihn aber auch in ein Dilemma, denn Aggression selbst ist für ihn eine Unvollkommenheit. Es stellt sich die Frage: Wohin mit der Aggression? Wohin fliehen vor dem eigenen kritischen Blick?

Aggression gilt für einen „Perfektionisten" als „schlechtes" Gefühl und er strebt aufrichtig und aus ganzem Herzen danach, „gut" zu sein. Aggression wird deshalb energisch aus dem Bewusstsein verbannt, zeigt sich manchmal in Zornesausbrüchen, verbirgt sich aber in der Regel in weniger offensichtlichen Ableitungen, wie psychosomatischen Beschwerden, Kopfschmerzen, Angstzuständen oder Zähneknirschen. Seine Vorzüge liegen in seiner Neigung, ein loyaler, verantwortungsvoller und fähiger Partner und Freund zu sein.

Der Abwehrmechanismus, den „Perfektionisten" ausprägen, um sich diese unerwünschten Gefühlsaufwallungen vom Halse zu halten, ist Reaktionsbildung, bei der man als „Reaktion" auf ein unerwünschtes Gefühl dieses blitzschnell in ein erwünschtes Verhalten „umbildet". Reaktionsbildung kennt man aus der Pubertät. Wenn man einen Jungen oder ein Mädchen besonders nett fand, verhielt man besonders abweisend. Der unerwünschte Impuls wird in ein für einen selbst „passendes" Verhalten umgekehrt. Bei „Perfektionisten", die mit Menschen arbeiten und den Anspruch haben, zu jedem gleich freundlich zu sein, fällt oft auf, dass sie sich den Menschen gegenüber, auf die sie eigentlich aversiv reagieren, besonders freundlich verhalten. Ein „Perfektionist" empfindet zwar Aggression, hat jedoch einen mächtigen inneren Richter installiert, der in Sekundenbruchteilen das vermeintlich „falsche" Gefühl in ein "richtiges" Verhalten umkehrt. Ein häufig beschrittener Weg, die Aggression in kontrollierte Bahnen zu lenken, ist die Arbeitswut. Ständig gilt es, irgendwelchen Pflichten nachzukommen, ohne dass sich das sprichwörtlich nachfolgende Vergnügen einstellt.

Die Grunddynamik des „Perfektionisten" resultiert lebensgeschichtlich aus dem Gefühl, nicht gut genug zu sein. Dieses vermeintliche innere Ungenügen wird dadurch bekämpft, dass man versucht im Außen alles „perfekt" zu machen. Jedoch wird Perfektion – egal in welchem Grad – niemals das innere Gefühl verändern, weil man immer noch glaubt, nicht gut genug zu sein.

Die Unbarmherzigkeit, mit der ein „Perfektionist" seine Ideale verfolgt, kann aus ihm einen angespannten Menschen machen, dem die Entspannung schwer fällt und der sich unnötigerweise viele der harmlosen Vergnügen des Lebens versagt. Er kann dazu neigen, seine Gefühle zu unterdrücken. Er hat grundsätzlich aber vielfältige Interessen und Talente. Er ist ein selbständiger Mensch und hat selten hat nichts mehr zu tun.

Hinweis für die gemeinsame Arbeit

Wichtig für den „Perfektionisten" ist es, die Aggression akzeptieren zu lernen, im Gegensatz zu lernen, dass sie ein gutes Gefühl ist.

Außerdem sollte der „Perfektionist" lernen, dass nicht alles durch aktiven Einsatz besser wird.

„Das Gras wächst nicht besser, wenn wir daran ziehen."

Differentielle Überlegungen

„Individualist": Beide neigen zu deprimierter Stimmung, jedoch ist der „Perfektionist" mit sich selbst eher streng und außerdem emotional zurückhaltend, der „Individualist" ist mit sich selbst eher nachsichtig und darüber hinaus emotional ausdrucksstark.

„Denker": Beides sind intelligente und unabhängige Menschen, jedoch ist der „Perfektionist" eher ein Praktiker, der „Denker" eher Theoretiker.

„Treuer": Beide neigen dazu, sich Sorgen zu machen, jedoch ist der „Perfektionist" eher unabhängig und eigensinnig, der „Treue" eher anhänglich und will mit der Gruppe übereinstimmen.

"Helfer"

Gemocht werden wollen

Ein „Helfer" strebt danach, von anderen gemocht zu werden. Aus diesem Streben resultiert die Fähigkeit, sich ganz auf die Bedürfnisse anderer Menschen einstellen zu können. Ein „Helfer" ist deshalb ein „Beziehungsmensch". Er verfügt meist über einen großen Freundes- und Bekanntenkreis. Für die Sorgen und Nöte der anderen hat er stets ein offenes Ohr.

Ein Mensch mit diesem Muster an Verhalten, Gefühlen und Gedanken glaubt tief im Inneren, dass er nur dann etwas wert ist, wenn andere ihn mögen. Sein höchstes Ideal ist die Liebe. Selbstlos zu sein, hält er für seine Pflicht. Anderen etwas zu geben sei der Zweck des Daseins. Engagiert, sozial bewusst und normalerweise eher extrovertiert sind „Helfer" der Typ Mensch, der keinen Geburtstag vergisst und der Umwege in Kauf nimmt, um einem Kollegen, dem Ehepartner oder dem Freund in Not zu helfen. Ein „Helfer" ist ein warmherziger, gefühlsbetonter Menschen, der sich sehr um seine persönlichen Beziehungen kümmert. Er widmet ihnen eine Menge an Energie. Er erwartet aber, dass seine Anstrengungen gewürdigt werden. Es ist ein praktisch veranlagter Mensch, den es in die helfenden Berufe zieht und der weiß, wie man eine Wohnung bequem und einladend einrichtet. Anderen zu helfen lässt einen „Helfer" sich auch selbst gut fühlen. Ein „Helfer" ist von seiner Selbstlosigkeit ernsthaft überzeugt. Aber es ist genauso richtig, dass ein „Helfer" die Anerkennung dafür erwartet. Er will dafür gemocht werden. Seine Liebe ist somit nicht ganz ohne Hintersinn.

Ein Problem ist, dass der „Helfer" eben deswegen seine Anstrengungen unternommen hat. Kann er die Sympathie nicht in dem Maße hervorrufen, wie er sich das vorgestellt hat, reagiert er gekränkt. Wenn er unausgeglichen ist, kann er sich unnötig aufopfern. Wenn er halbwegs im Gleichgewicht ist, kann er besitzergreifend reagieren. Wenn er mit sich im Reinen ist, kann er uneigennützig, einfühlsam und hochherzig sein. Seine Stärken sind Hilfsbereitschaft, Aufmerksamkeit und Kontaktfreude.

Das (unterdrückte) Gefühl

Dass ausgerechnet das Streben nach gefühlvoller Anerkennung, das unterdrückte Gefühl der Menschen sein soll, die sich immer um andere kümmern, wirkt zunächst seltsam. Das Problem besteht darin, dass er in der Zuwendung zum Mitmenschen sein eigenes "Ich" immer weiter vergisst. Die eigene Hilfsbedürftigkeit wird dadurch systematisch verstellt. Stets findet sich jemand, der Hilfe dringender nötig hat.

Der Abwehrmechanismus, den der "Helfer" ausprägt, ist die Verdrängung der eigenen Bedürfnisse. Er ist ein Meister darin, die Bedürfnisse anderer wahrzunehmen und zu erfüllen. Die sinnvolle Erfüllung eigener Bedürfnisse wird somit verdrängt.

Die Grunddynamik des „Helfers" bildet sich lebensgeschichtlich heraus, wenn er sich nicht bedingungslos geliebt fühlt. Im Umkehrschluss denkt der Betroffene unterbewusst, er habe nicht genug dafür „getan", gemocht zu werden. Man strengt sich mehr und mehr an, kommt aber gerade dadurch an den Punkt, dass man immer zuerst geben muss, um gemocht zu werden. Und solange er immer zuerst gibt, kann er nicht erleben, dass er einfach nur wegen sich selbst gemocht wird.

Weil ein „Helfer" im Allgemeinen anderen dabei hilft, ihre Bedürfnisse zu befriedigen, kann er vergessen, für sich selbst zu sorgen. Das kann zu einem Burn-out-Syndrom, zu emotionaler Erschöpfung oder Instabilität führen.

Hinweis für die gemeinsame Arbeit

Ein „Helfer" sollte lernen, dass andere, die einen wirklich mögen, einen einfach so mögen, wie man eben ist. Ein „Helfer" kann sich befreien, wenn er die eigenen Bedürfnisse wahrnehmen, akzeptieren und auch mal durchsetze lernt.

Differentielle Überlegungen

„Friedliebender": Beide sind geneigt, es den anderen recht zu machen. Helfer sind jedoch eher stolz auf ihre Leistungen, während „Friedliebende" sich eher bescheiden verhalten.

„Treuer": Beide kümmern sich gerne um andere und bauen „ein Nest", aber der „Helfer" will dem anderen gerne nahe sein, während der „Treue" eine viel unentschlossenere Haltung zu Beziehungen hat.

"Macher"

Ausgerichtet auf erfolgreiche Aktivitäten, um dadurch Anerkennung zu bekommen

Anerkennung und Wertschätzung seiner Leistungen sind die Ziele für den "Macher". Aus diesem Grund opfert er vieles seinem Erfolg. Er geht ganz in seinen Aufgaben auf und verfolgt energisch deren Erledigung. Da sich der „Macher" darauf ausrichtet, erfolgreich zu sein, ist er enorm anpassungsfähig. Er ist in der Lage, sich stets an dem auszurichten, was gebraucht wird. Ein "Macher" widmet sich der ihm gestellten Aufgabe mit aller Energie.

Ein Mensch mit diesem Muster an Verhalten, Gefühlen und Gedanken braucht es, Anerkennung zu bekommen, um sich wertvoll zu fühlen. Er sucht Erfolg und will geschätzt werden. Häufig ist er ein harter Arbeiter, neigt zur Konkurrenz und ist sehr konzentriert, wenn es um das Erreichen seiner Ziele geht. Ein „Macher" ist oft ein „Self-Made"-Mensch und findet häufig einen

Bereich, in dem er hervorragend sein und so die äußere Anerkennung finden kann, die er braucht. Ein „Macher" ist meistens sozial kompetent, oftmals extrovertiert und charismatisch. Er weiß, wie er sich präsentieren kann, ist selbstbewusst und praktisch veranlagt, wirkt aber oft getrieben.

Ein „Macher" hat eine Menge Energie und verkörpert eine Lebensfreude, die andere ansteckend finden. Er ist ein guter Netzwerker, der weiß, wie man Kontakte nutzt und sich hocharbeitet. Aber obwohl ein „Macher" dazu neigt, in jedem Bereich, in den er seine Energie investiert, erfolgreich zu sein, hat er oft insgeheim Angst, zu scheitern.

Das Problem ist, dass bei allem Charme und aller Anpassungsfähigkeit, die den "Macher" auszeichnen, er Misserfolg stets fürchtet. Wenn er unausgeglichen ist, kann er berechnend wirken. Wenn er nur halbwegs im Gleichgewicht ist, kann er imageorientiert reagieren. Wenn er mit sich im Reinen ist, kann er selbstbestimmt, anpassungsfähig und ehrgeizig sein. Seine Stärken sind Leistungsbereitschaft, Pragmatismus und Effizienz.

Manchmal kann ein „Macher" Intimität schwierig finden. Sein Bedürfnis, wegen dem, was er repräsentiert, wertgeschätzt zu werden, verdeckt oft ein Gefühl von Scham darüber, dass er glaubt, zu wenig zu sein. Unterbewusst glaubt er, dass seine „Mängel" entdeckt würden, wenn der andere ihm zu nahe kommt. Ein „Macher" ist oft großzügig und liebenswert, aber es ist schwierig, ihn wirklich kennen zu lernen.

Das (unterdrückte) Gefühl

So sind die unterdrückten Gefühle des "Machers" der Zweifel und der Selbstzweifel. Er möchte möglichst wenig mit eigenen Schwächen und Unzulänglichkeiten in Berührung kommen.

Der Abwehrmechanismus, den der "Macher" ausprägt, ist die vollständige Identifikation mit dem jeweiligen Projekt. Verspricht dies zweifellos Erfolg, braucht er selbst als Person im Prozess der Identifikation keinen Zweifel zu fürchten. Daraus ergibt sich eine Art Dauer-Aktivismus. Stets gilt es, neue Aufgaben zu erfüllen, um für den entsprechenden Erfolg Anerkennung zu erhalten.

Die Grunddynamik des „Machers" entstand lebensgeschichtlich mit der Erfahrung, dass er nur dann Beachtung erfahren hat, wenn er etwas leistete. Je mehr er aber leistete, desto mehr schauten die anderen auf seine Leistungen anstatt auf ihn selbst. Die Beachtung, die er eigentlich sucht, erhielt er mehr und mehr nur durch die Außenorientierung, durch die recht oberflächliche Beurteilung anderer, weshalb er sich selbst immer weniger gesehen fühlte.

Weil es für das Muster des „Machers" zentral ist, Bestätigung von außen zu bekommen, versucht er häufig - bewusst oder unterbewusst - das Erfolgsimage zu verkörpern, das von der Gesellschaft gefördert wird. Der „Macher" gerät aber in Schwierigkeiten, wenn er echtes Glück, das vom eigenen Inneren abhängt, mit dem Glücksimage verwechselt, das von der Gesellschaft gefördert wird. Das Erreichen eines Images stellt keinen Menschen wirklich zufrieden.

Hinweis für die gemeinsame Arbeit

Der rasende Aktivismus findet am ehesten ein Ende in der Erfahrung des Scheiterns. Da der dem Dauer-Aktivismus ausgesetzte Körper zwangsläufig irgendwann einmal streikt, ist Krankheit für den "Macher" häufig die nächstliegende Chance auszusteigen. Allerdings besteht die Gefahr, dass die Genesung erneut zu einem „Projekt" umgewidmet wird, das es erfolgreich zu absolvieren gilt.

Generell führt für den "Macher" der Weg zur Befreiung weg von der Außenorientierung hin zur Innenorientierung zu sich selbst.

Differenzierung

„Genießer": Beiden geht es um Erfolg, jedoch ist der „Macher" wesentlich zielstrebiger als der „Genießer", der sich lieber alle Möglichkeiten offen hält.

"Individualist"

Identitätssucher, die sich anders als andere fühlen (wollen)

Das, was den „Individualisten" bewegt, ist die Suche nach sich "selbst", nach der eigenen Identität. In ihm steckt eine unbestimmte Sehnsucht, die keine Erfüllung findet.

Ein Mensch mit diesem Muster an Verhalten, Gefühlen und Gedanken gründet seine Identität auf den Glauben, anders oder besonders sein zu wollen oder zu sollen, weshalb er auf selbstbewusste Weise individualistisch ist. Er neigt dazu, seine Verschiedenheit von anderen sowohl als Segen als auch als Fluch anzusehen - ein Segen, weil sie ihn von denen abhebt, die er als „gewöhnlich" wahrnimmt und ein Fluch, weil es öfters so scheint, als würde sie ihm den Zugang zu einfacheren Formen des Glücks versperren, die andere so locker zu genießen scheinen. So kann sich der „Individualist" anderen überlegen fühlen, während er gleichzeitig Sehnsucht oder Neid verspürt. Das Gefühl, Mitglied einer „echten Aristokratie" zu sein, wechselt sich mit der Angst ab, tief im Innern voller Mängel oder beschädigt zu sein.

Ein Problem ist, dass der „Individualist" sich hauptsächlich mit der Inszenierung dieses "besonderen Selbst" anstatt mit dem wirklichen "Selbst" in seinem Inneren beschäftigt. Er sucht seine Identität vor allem in der Unterscheidung zu anderen mit ständigem Blick auf die anderen. Dabei kann es sein, dass er die Vermutung hegt, die anderen hätten etwas, das ihm fehlt. Dies wiederum verstärkt das Gefühl, selbst "noch besonderer" sein zu müssen. Er fühlt sich häufig unverstanden und als Außenseiter, wodurch sich die Tendenz zur Absonderung und Beschäftigung mit der eigenen Gefühlswelt noch verstärkt. Wenn er unausgeglichen ist, kann er selbstentfremdet wirken. Wenn er nur halbwegs im Gleichgewicht ist, kann er phantasievoll, aber auch selbstverliebt reagieren. Wenn er mit sich im Reinen ist, kann er kreativ, selbstbewusst und individualistisch sein. Seine Stärken sind Kreativität, Einfühlungsvermögen und Sensibilität.

Ein „Individualist" ist emotional komplex und sehr sensibel. Er sehnt sich danach, verstanden und wegen seines wahren Selbst geschätzt zu werden, aber er fühlt sich leicht missverstanden und nicht wertgeschätzt. Er neigt dazu, sich beim Anblick der harschen Welt zurückzuziehen und kann mürrisch oder launenhaft sein. Er ist emotional zentriert und verbringt einen guten Teil seines Lebens damit, in seine seelischen Landschaften einzutauchen, wo er sich frei fühlen, seine Gefühle kultivieren und analysieren kann. Die meisten „Individualisten" sind ästhetisch sensibel und mit dem Selbstausdruck beschäftigt, sei es bezüglich der Kleidung, die sie tragen, oder hinsichtlich ihres gesamten, manchmal eigenwilligen Lebensstils.

Das (unterdrückte) Gefühl

Ein Individualist unterdrückt zutiefst heimlich den Neid auf andere, weil er sich selbst fehlerhaft fühlt und viele andere als vollständig wahrnimmt. Der "Individualist" wird hin und her gerissen von dem Bestreben, anders als die anderen zu sein und der Anziehungskraft, die das Leben der anderen auf ihn ausübt, denn es verspricht ihm eine Erfüllung, die das eigene Leben nicht zu haben scheint.

Der Abwehrmechanismus, den der "Individualist" ausprägt, um die Gefühle der eigenen Unzulänglichkeit abzuschalten, ist die Isolation. Dabei geht man zwar dem unterdrückten Wunsch nach, hat aber „keinen Spaß dabei". Bei einer „Isolation" würde man sich also beispielsweise mit jemandem auseinandersetzen, um seine Grenzen festzulegen, die „Lust" an der Aggression oder Abgrenzung aber nicht empfinden. Der „Individualist" geht seinem unterdrückten Impuls, nämlich der Präsentation der selbst hergestellten Identität, nach, empfindet dabei aber keine Freude oder Erfüllung. Hierdurch entwickelt sich eben kein authentisches und wirkliches Gefühl, was wiederum den Eindruck verstärkt, irgendwie defekt zu sein.

Die Grunddynamik des „Individualisten" gründet auf der Erfahrung von vermeintlichem Versagen. Er kann mit einem vermeintlichen Scheitern nicht leben und ist wütend auf sich selbst, weil er glaubt, irgendwie "defekt" zu sein. Daher entspringt das Gefühl, nur das „Besondere" könne ihn erheben. Dem Glauben an seine Besonderheit muss er Nahrung geben, weil er sich nur im „Besonderen" gut genug fühlt. Die Besonderheit aber trennt ihn mehr und mehr von den anderen und dem wirklichen Leben, so dass er sich immer „ungenügender" fühlt. Das Gefühl des Alleinseins und der Ablehnung von anderen wächst bis zu dem Punkt, dass er unterbewusst in der Lage sein kann, jemanden abzulehnen, der ihn akzeptiert, weil derjenige jemand so „ungenügendes" wie ihn akzeptiert.

Der „Individualist" hat eine Veranlagung zur Melancholie und unter Stress neigt er dazu, in Depression zu fallen. Auch unter günstigen Bedingungen neigt ein „Individualisten" dazu, selbstversunken zu sein. Aus dem Gleichgewicht geraten, gibt er sich leicht der Depression hin, weil sie ein Weg ist, den generellen Mangel an Freude, den er in seinem Leben erfährt, unterbewusst zu rechtfertigen.

Ein „Individualist" kann geneigt sein, mehr über einen „Erlöser" oder eine „Erlöserin" zu fantasieren, der oder die sie aus seinem Unglück erretten wird, als sich nach praktischen Lösungen umzusehen.

Hinweis für die gemeinsame Arbeit

Aus dem Auf und Ab der extremen Gefühlslagen findet ein Individualist heraus, wenn er lernt, Gefühle ins Maß zu setzen, das kleine Glück oder die kleine Traurigkeit zu leben, im Hier und Jetzt zu leben, die eigene Echtheit und Authentizität im profanen Alltag, den Frieden im Kleinen und Unscheinbaren zu finden. Für den Individualisten ist das Achtsamkeitstraining von besonderem Wert.

Differentielle Überlegungen

„Perfektionist": Beide neigen zu deprimierter Stimmung, wobei der „Individualist" mit sich selbst eher nachsichtig und emotional ausdrucksstark ist, während der „Perfektionist" mit sich selbst eher hart und emotional zurückhaltend umgeht.

„Denker": Beide neigen zum Intellektuellen. Ein „Individualist" spricht aber tendenziell gerne über seine Gefühle, „Denker" meistens ungern.

„Treuer": Die emotionale Instabilität ähnelt dem „Individualisten", jedoch ist der „Individualist" eher selbstversunken, der „Treue" dagegen mehr mit der äußeren Welt beschäftigt.

„Genießer": Wenn der „Genießer" die Kluft zwischen der optimistischen, vergnügungsliebenden Oberfläche, die nach außen präsentiert wird, und der angstbesetzten seelischen Befindlichkeit wahrnimmt, kann er dies für die Melancholie des „Individualisten" halten. Der „Genießer" flieht jedoch vor den unangenehmen Gefühlen, auf die sich der „Individualist" eher konzentriert.

"Denker"

Neigung zum Rückzug zur Beobachtung

Das für den "Denker" wesentliche Verhalten ist, Distanz zur Umwelt zu nehmen. Dabei sucht er hauptsächlich Schutz vor zu viel emotionaler Berührung. Sein Kontakt zur Umwelt findet quasi gefiltert statt. Als Filter setzt ein "Denker" ein systematisierendes Denken ein. Emotional berührende Erfahrungen hält er auf Distanz, indem er diese in größere Zusammenhänge eingebettet und somit theoretisch analytisch betrachtet.

Ein Mensch mit diesem Muster an Verhalten, Gefühlen und Gedanken fürchtet tief im Innern, nicht genug Stärke zu haben, um dem Leben standzuhalten. Deshalb neigt er dazu, sich zu entziehen und den Rückzug in die Sicherheit und Geborgenheit seines eigenen Bewusstseins anzutreten, wo er sich auf die Welt einstellen kann. Ein „Denker" fühlt sich im Bereich des Denkens wohl und zu Hause. Im Allgemeinen ist er intelligent, belesen und nachdenklich und wird häufig zu einem Experten in den Bereichen, für die er sich interessiert. Er ist häufig ein wenig „anders". Er verspürt wenig Neigung, seine inneren Überzeugungen zu ändern, um sich der Mehrheitsmeinung anzupassen. Er lehnt es ab, seine Freiheit, zu denken, wie es ihm beliebt, einzuschränken.

Problematischer und weniger angenehm wird es für ihn, wenn es um Gefühle geht, wenn die Beziehung Anforderungen stellt oder er seinen Platz in der Welt finden soll. Ein „Denker" ist tendenziell scheu, unaufdringlich und unabhängig. Er ist zögerlich, um die Hilfe zu bitten, die andere ihm sehr gerne geben würden.

Ein Problem ist, dass ein "Denker" auf seine Rückzugsgefilde nicht verzichten kann, in denen er für sich sein möchte. Er erträgt keine Aufdringlichkeit oder Eindringlinge. Allerdings bedeutet dieses distanzierte Weltverhältnis keine Abkehr von der Welt. Im Gegenteil sucht ein "Denker" intensiv nach Informationen, Gedanken und Theorien über die Welt, die er seinen Systemen und Gedankengebäuden einverleiben kann. Dieser angehäufte "geistige Schatz" dient dann als Schutzwall vor andrängenden Erfahrungen, die ihn zu stark berühren könnten. Bei vielen Denkern äußert sich dies auch im Sammeln nach außen sichtbarer „emotionaler Schätze", seien es Figuren, Bücher, Zettel oder Briefe, die für andere meist sinn- oder wertlos, für den "Denker" jedoch emotional wertvoll sind. Wenn er unausgeglichen ist, kann er isoliert wirken. Wenn er nur halbwegs im Gleichgewicht ist, kann er analytisch, aber auch übersystematisch reagieren. Wenn er mit sich im

Reinen ist, kann er weise, engagiert und kundig sein. Seine Stärken sind ein breites Wissen, Objektivität und Konsequenz.

Ein „Denker" ist sensibel. Er fühlt sich gegen die Welt häufig nicht ausreichend gewappnet. Um seine Sensibilität auszugleichen, übernimmt er manchmal eine Haltung teilnahmsloser Gleichgültigkeit, was dann zur Folge hat, dass dies eine Distanz zwischen ihm und den anderen schafft. Diese Distanz zu überbrücken, kann für den „Denker" schwierig werden, weil er seinem sozialen Geschick nicht sehr vertraut. Aber wenn es ihm gelingt, ist er ein echter Freund und lebenslanger Verbündeter.

Das (unterdrückte) Gefühl

Das, was den "Denker" unterbewusst antreibt, ist das „emotionale Behalten-wollen". Dabei geht es ihm nicht um Materielles. Er hortet seine „emotionalen Schätze" und stellt sie um sich herum auf, um die Zudringlichkeiten der Welt abzuwehren. Und da er Nähe ungern zulässt, geizt er oft mit seiner eigenen Person. Er bleibt in zwischenmenschlichen Beziehungen zwar immer höflich und freundlich, aber häufig kühl und beobachtend.

Der Abwehrmechanismus, den der "Denker" ausprägt, ist die Vermeidung durch Rückzug. Gerät er in emotional aufgeladene Situationen, die seinen ruhigen Beobachtungsposten gefährden, zieht er sich zurück, verlässt den Raum oder hüllt sich in Schweigen. Danach trifft er alle nötigen Vorkehrungen, um nicht mehr in eine solch emotionale Situation zu geraten. Da der

Wunsch, seine Gedankengebäude mit weiterem Wissen und mehr Informationen anzufüllen, ihn der Welt aber immer wieder in die Arme treibt, lassen sich erneute Anlässe zum Rückzug kaum vermeiden.

Die Grunddynamik des „Denkers" entspringt lebensgeschichtlich der Erfahrung von Leere, der Erfahrung, vom wirklichen Leben abgeschnitten zu sein. Um diese Situation aushalten zu können, fängt er an, die Situation zu analysieren. Aus der Analyse und den gesammelten Informationen resultiert ein Gefühl der inneren Geborgenheit. Um diese Art innerer Geborgenheit aber aufrechterhalten zu können, muss er immer weiter sammeln und analysieren, was wiederum einen Rückzug aus der Welt bedingt und ihn letzten Endes mehr und mehr von ihr trennt. Je weiter er sich entfernt und je spärlicher er lebt, desto unwirklicher wird seine Existenz.

Ein „Denker" ist für gewöhnlich etwas gehemmt, wenn es um den gefühlsmäßigen Ausdruck geht, aber er hat oft stärkere Gefühle als er sich anmerken lässt. Nur wenige Menschen wissen, was unter der Oberfläche vorgeht, weil ein „Denker" oft ein starkes Bedürfnis nach Abgrenzung und eine tief sitzende Angst vor Zudringlichkeit hat. Wegen seiner Sensibilität und seiner Angst vor Unzulänglichkeit fürchtet sich ein „Denker" davor, überwältigt zu werden, sei es durch die Anforderungen anderer oder von seinen eigenen Gefühlen. Manchmal geht er so damit um, dass er einen minimalistischen Lebensstil entwickelt, durch den er wenig von anderen verlangt und im Gegenzug wenig von ihm verlangt wird. Andere machen ihren Frieden mit der Unübersichtlichkeit des Lebens und engagieren sich mehr, aber sie behalten meistens ihre Angst, dass das Leben mehr von ihnen fordern könnte als sie zu bieten haben.

Hinweis für die gemeinsame Arbeit

Das Wichtigste für den „Denker" ist, zu lernen, sich selbst zu akzeptieren, wie er ist. Dann kann er sich von Erfahrungen wirklich berühren lassen und mehr und mehr spüren, dass er dem standhalten und es sogar genießen kann.

Differentielle Überlegungen

„Perfektionist": Beides sind oft intelligente und unabhängige Menschen, jedoch ist der „Denker" eher ein Theoretiker, während der „Perfektionist" eher ein Praktiker ist.

„Individualist": Beide neigen zum Intellektuellen. „Denker" jedoch drücken sich emotional ungern aus, während ein „Individualist" dies auch genießen kann.

„Treuer": Beide Typen beschäftigen sich intensiv mit ihrer Gedankenwelt, aber der „Denker" neigt zum Theoretischen, der „Treue" zum Praktischen.

"Treuer"

Hin und her gerissen zwischen Angst und Vertrauen

Dem "Treuen" geht es darum, Sicherheit zu spüren, die er in seinem Inneren nicht fühlen kann. Deshalb sucht er sie bei anderen, bei einzelnen Personen, Gruppen oder inneren Überzeugungen. Er hofft, dass diese eine abgesicherte Verlässlichkeit bieten.

Ein Mensch mit diesem Muster an Verhalten, Gefühlen und Gedanken fühlt sich in seinem inneren Wesen unsicher, als gäbe es da wenig Beständiges, an das er sich halten könnte. Im Kern des „Treuen" findet sich häufig eine unbestimmte Ängstlichkeit. Diese Unsicherheit hat eine tiefe Quelle und kann sich auf zweierlei Art und Weise darstellen, was den „Treuen" schwer zu beschreiben macht.

Allen „Treuen" ist aber die Ängstlichkeit, die in ihrem Zentrum wurzelt, gemeinsam. Sie drückt sich im Sorgenmachen und dem unaufhörlichen Sich-Ausmalen von allem, was schief gehen könnte, aus. Diese Neigung macht den „Treuen" einerseits zu einem begabten Problemlöser, andererseits raubt sie ihm den Seelenfrieden und schränkt seine Lebensfreude ein. Dem „Treuen" fällt es schwer zu vertrauen. Er fühlt anderen gegenüber solange eine Art Misstrauen bis sich die betreffende Person als zuverlässig erwiesen hat. Ab diesem Punkt reagiert er meist mit unerschütterlicher Treue. Dies jedoch wird auch wieder zum Problem, da er dann die Neigung hat, bei einem Freund, Partner, Job oder einer Sache auch noch auszuharren, wenn es schon längst an der Zeit gewesen wäre, davon Abstand zu nehmen.

Das Problem ist, dass der "Treue" aber Personen, Gruppen oder innere Überzeugungen grundsätzlich auch immer anzweifelt und so die große Loyalität des „Treuen" stets von einem gewissen Argwohn begleitet ist. Diese Zerrissenheit zwischen Anlehnungsbedürfnis und Argwohn erklärt, weshalb der "Treue" sowohl anpassungsbereit als auch wagemutig auftreten kann. Mitunter bekämpft der "Treue" seine Angst vor der stets drohenden Unsicherheit, die er fühlt, indem er sich vorbeugend in Gefahrensituationen begibt.

Wenn er unausgeglichen ist, kann er unsicher wirken. Wenn er nur halbwegs im Gleichgewicht ist, kann er unentschlossen reagieren. Wenn er mit sich im Reinen ist, kann er selbstbejahend, menschenfreundlich und engagiert sein. Seine Stärken sind Treue, Standhaftigkeit und Verantwortungsbewusstsein.

Der „Treue" ist auf der Suche nach jemandem oder etwas, an den oder das er glauben kann. Dies führt - in Kombination mit seinem grundsätzlichen Argwohn - zu einem komplizierten Umgang mit Autoritäten. Die Seite im „Treuen", die Ausschau nach etwas hält, an das er glauben kann, sucht nach Autoritäten – inneren oder äußeren. Aber die Neigung des „Treuen" zu Argwohn arbeitet gegen jeden Glauben an irgendwelche Autoritäten. Es wirken also zwei entgegen gesetzte Kräfte und nehmen in ein- und derselben Person Raum ein.

Das (unterdrückte) Gefühl

Das den "Treuen" antreibende - unterbewusste - Gefühl ist die Unsicherheit, kein inneres Zuhause zu fühlen.

Der Abwehrmechanismus, den der "Treue" ausprägt ist die Projektion. Projektion kennen wir alle, wenn wir zu unserem Partner sagen: „Du bist ja so gereizt", und tatsächlich selbst gereizt sind, oder wenn wir uns sagen: „Heute waren aber alle Kunden/Patienten/Kollegen schlecht gelaunt", aber wissen, dass eigentlich wir selbst schlecht gelaunt waren, was wir uns aber nicht erlauben. Der „Treue" trägt die Unsicherheit zwar in sich selbst, projiziert sie aber nach außen: "Die Welt ist so unsicher." Der "Treue" überprüft die Welt ständig auf Anlässe für mögliche Probleme hin, so dass er sich auch nicht sicher und geborgen fühlen kann.

Die Grunddynamik des „Treuen" ist das Resultat einer tiefen inneren Unsicherheit und der daraus folgenden Vermeidung nach innen zu schauen. Diese Unsicherheit wird nach außen projiziert. Die äußere Projektion, gefolgt von der Neigung im Außen gegen die fehlende Sicherheit vorzugehen, wird zum Hauptantrieb. So werden Angst und die Unsicherheit bleiben.

Das Verwirrende bei der Beschreibung dieses Typs ist, dass der „Treue" einerseits ängstlich ist und gleichzeitig aktiv gegen die Angst im außen vorgeht. Das heißt einerseits kann er im außen gegen die Unsicherheit in der Welt kämpfen und/oder für sich selbst – im Häuslichen – ein möglichst sicheres Nest bauen.

Hinweis für die gemeinsame Arbeit

Befreiung erlangt der „Treue", wenn er Selbstvertrauen lernt, Unabhängigkeit gewinnt und sich von Autoritäten lossagt und lernt, auf seine innere Stimme zu hören.

Differentielle Überlegungen

„Perfektionist": Beide neigen dazu, sich Sorgen zu machen und sich zu ängstigen, jedoch ist der „Treue" eher anhänglich und möchte mit der Gruppe einen Konsens finden, während sich der „Perfektionist" eher unabhängig und eigensinnig verhält.

„Helfer": Beide kümmern sich gerne um andere, bauen „ein Nest", aber der „Treue" hat eine viel unentschlossenere Haltung zu Beziehungen, während „Helfer" meist gerne dem anderen nahe sein wollen.

„Individualist": Die emotionale Instabilität ähnelt dem „Individualisten", jedoch fehlt dem „Treuen" die Selbstversunkenheit des „Individualisten", der „Treue" beschäftigt sich eher mit dem „Außen".

„Denker": Beide Typen beschäftigen sich intensiv mit ihrer Gedankenwelt, aber der „Denker" neigt zum Theoretischen, der „Treue" zum Praktischen.

„Kämpfer": Durch die kontraphobische Reaktion des „Treuen" wirkt auch er gerne rebellisch oder kämpferisch, aber der „Treue" ist wesentlich selbstunsicherer als der „Kämpfer".

„Friedliebender": Beide sehnen sich nach Ruhe und Frieden, jedoch hat der „Friedliebende" durchaus die Fähigkeit, zur Ruhe zu kommen und anderen zu vertrauen, was beides für den „Treuen" eher schwierig ist.

"Genießer"

Vergnügungssucher und Pläne-Schmieder

Der "Genießer" zeichnet sich dadurch aus, dass er Erfüllung sucht. Deshalb trägt er durch intensive Planung seiner Aktivitäten Vorsorge, mit entsprechenden Erlebnissen versorgt zu werden. Der "Genießer" hat das Sonnige von Kindern. Er ist meist abenteuerlustig, neugierig und verspielt, voller Energie und Begeisterungsfähigkeit. Das Leben ist für ihn angefüllt mit Möglichkeiten, Freuden und Wundern. Dies strahlt er auch aus. Meistens ist er gut gelaunt und versucht, andere aufzuheitern.

Ein Mensch mit diesem Muster an Verhalten, Gefühlen und Gedanken hält sein Leben für ein aufregendes Abenteuer. Ein „Genießer" ist ein zukunftsorientierter, ruheloser Mensch, der im Allgemeinen davon überzeugt ist, dass um die nächste Ecke etwas Besseres auf ihn wartet. Er denkt schnell, hat jede Menge Energie und macht viele Pläne. Er neigt dazu, extrovertiert, vielfältig begabt, kreativ und aufgeschlossen zu sein. Er ist begeisterungsfähig und genießt Sinnesvergnügen.

Ein Problem ist, dass ein „Genießer" Genuss und Freude zwar empfindet, trotzdem aber jedes Mal wieder das nächste Erlebnis sucht. Seine Furcht ist es, in ein Loch zu fallen, in dem Schmerz und Leiden auf ihn lauern könnten. Diese Hektik birgt auf Dauer die Gefahr, dass es zu einem wirklichen Genuss doch nicht kommt. Wenn er unausgeglichen ist, kann er wirklichkeitsfremd wirken. Wenn er nur halbwegs im

Gleichgewicht ist, kann er welterfahren, aber auch überaktiv reagieren. Wenn er mit sich im Reinen ist, kann er dankbar, begeisterungsfähig und produktiv sein. Seine Stärken sind Ideenreichtum, Begeisterungsfähigkeit und Flexibilität.

Der „Genießer" ist ein praktisch veranlagter Mensch mit vielen verschiedenen Fähigkeiten. Er weiß, wie man Beziehungen knüpft und sich selbst und die eigenen Interessen weiter bringt. Er hat oft einen Unternehmer-Geist und ist in der Lage, seinen Enthusiasmus auf die zu übertragen, mit denen er in Kontakt kommt. Wenn es ihm gelingt, seine Talente zielgerichtet einzusetzen, ist er häufig sehr erfolgreich. Jedoch fällt dem „Genießer" die Konzentration nicht leicht. Seine Neigung zu glauben, dass noch etwas Besseres auf ihn wartet, macht ihn unwillig, seine Möglichkeiten einzuschränken. Der „Genießer" fürchtet die Macht der unangenehmen Gefühle. Diese versucht er zu vermeiden, indem er in der äußeren Welt nach Ablenkungen sucht oder indem er verschiedene Dinge gleichzeitig tut.

Das (unterdrückte) Gefühl

Die Angst, die den "Genießer" antreibt, ist es, in Situationen zu geraten, in denen nichts geschieht und sich unangenehme Gefühle ausbreiten könnten, die Angst vor der Ruhe. Häufig hegt er gleichzeitig die Angst, etwas zu verpassen. Er erledigt deshalb oft mehrere Dinge gleichzeitig, zum Beispiel telefonieren und Fernsehen, ein Gespräch führen und in einer Zeitschrift blättern, essen und dabei etwas anderes erledigen.

Der Abwehrmechanismus, den der "Genießer" entwickelt, um Leiden und Schmerz aus dem Weg zu gehen, ist typischerweise die Rationalisierung. Das heißt, dass er versucht, alles über den Verstand laufen zu lassen, um die Gefühle zu umgehen. Er versucht, argumentativ aus allem Unangenehmen noch etwas Gutes zu machen. Ein beliebtes Argument ist, dass es ja nichts ändere, sich zu sorgen, oder dass alles für etwas gut sei. Grundsätzlich ist daran ja etwas Wahres dran. Diese Argumente werden jedoch zu Umgehungsstraßen gemacht, um mit dem Unangenehmen emotional nicht konfrontiert zu werden.

Die Grunddynamik des „Genießer" ist die Selbstbetäubung durch Ablenkung oder andere vielfältige Methoden, weil er sich innerlich schmerzhaft leer fühlt. Um diese Leere zu füllen, sucht er Ablenkung im Außen, die jedoch innere Leere nicht füllen kann. Somit wird das Gefühl der inneren Leere immer stärker.

Ein „Genießer" hat im Allgemeinen eine hohe Meinung von sich selbst und seinen Talenten. Er neigt dazu, sich auf seine Stärken und Tugenden zu konzentrieren.

Der Grad jedoch, in dem ein „Genießer" vor unangenehmen Gefühlen flüchtet, ist ein genaues Maß für seine seelische Probleme. Je mehr man flüchtet, desto stärker wird die Kraft der unangenehmen Gefühle und desto wahrscheinlicher wird es, dass sie in Form einer Angsterkrankung oder einer Depression ins Bewusstsein einbrechen.

Hinweis für die gemeinsame Arbeit

Aus dem Kreislauf der äußeren Ablenkungen heraus und hin wieder zum echten Genuss kommt der „Genießer" durch die Konzentration auf das Hier und Jetzt. Darüber hinaus ist für ihn wichtig, ohne das Sonnige seines Wesens einbüßen zu sollen, zu müssen oder zu dürfen, Schmerz und Trauer zu verarbeiten und dann einzusehen und zu erfahren, dass beides dann wirklich aus dem Leben verschwindet. „Der einzige Weg ist hindurch."

Differentielle Überlegungen

„Kämpfer": Beide sind Anführer-Typen, dominante und hoch energiegeladene Personen, jedoch ist der „Kämpfer" deutlich zielgerichteter und furchtloser und hat eine körperlich verankerte Energie, während das Energiemuster des „Genießers" eher eine nervöse, emotionale Qualität hat.

„Macher": Beiden geht es um Erfolg, jedoch ist der „Macher" wesentlich zielstrebiger als der „Genießer", der sich lieber alle Möglichkeiten offen hält.

„Individualist": Wenn der „Genießer" die Kluft zwischen der optimistischen, vergnügungsliebenden Oberfläche, die nach außen präsentiert wird, und der angstbesetzten seelischen Befindlichkeit wahrnimmt, kann er dies für die Melancholie des „Individualisten" halten. Der „Genießer" flieht jedoch vor den unangenehmen Gefühlen, auf die sich der „Individualist" eher konzentriert.

"Kämpfer"

Will herrschen, um nicht beherrscht zu werden

Der „Kämpfer" strebt nach Eindeutigkeit und Klarheit. Er kann deshalb bedingungslos seine Absichten verfolgen, die er für die wahren und gerechten hält. Das verleiht ihm einen robusten, kämpferischen, zielstrebigen und entschlossenen Charakter. Die Ausdrucksweise ist oft sehr direkt.

Ein Mensch mit diesem Muster an Verhalten, Gefühlen und Gedanken hat eine strukturelle Abneigung dagegen, beherrscht zu werden, sei es durch andere oder durch die Umstände. Er will sein Schicksal ausschließlich selbst bestimmen. Der „Kämpfer" ist willensstark, entschlossen, praktisch, kompromisslos und energiegeladen. Er neigt selbst zur Dominanz. Seine Abneigung gegen Einflussnahme durch andere äußert sich häufig in dem Bedürfnis, seinerseits andere zu beeinflussen. Wenn er sich sicher fühlt, hat er diese Neigung unter Kontrolle, aber die Tendenz ist trotzdem vorhanden. Der „Kämpfer" will viel aus seinem Leben herausholen und fühlt sich bestens ausgestattet, es sich zu holen. Er legt Wert auf finanzielle Unabhängigkeit und tut sich oft schwer, wenn er für jemanden arbeiten muss.

Die meisten „Kämpfer" finden jedoch einen Weg, finanziell unabhängig zu werden und ihren Frieden mit der Gesellschaft zu machen. Aber ihr Verhältnis zu jedweder hierarchischen Beziehung wird solange schwierig bleiben, wie der „Kämpfer" in einer anderen als der Chefposition ist.

Ein Problem ist, dass sich andererseits der Wunsch des „Kämpfers" nach Eindeutigkeit und Klarheit in einem Denken in Schwarz und Weiß äußert. Menschen, mit denen er in Beziehung steht, werden schnell in Freund und Feind unterteilt. Aufgrund dieser Unterscheidung befindet sich der „Kämpfer" in einem ständigen Ringen um seine Position. In seinen Augen finden nur zwei Typen von Menschen Gnade, nämlich die verfolgte Unschuld und der ebenbürtige Gegner. Für ihn ist der Kampf mit einem ebenbürtigen Gegner eine Art Anerkennung. Darin sucht er auch Nähe zu seinem Gegenüber.

Wenn er unausgeglichen ist, kann er aggressiv wirken. Wenn er nur halbwegs im Gleichgewicht ist, kann er unabhängig, aber auch dominant auftreten. Wenn er mit sich im Reinen ist, kann er selbstbeherrscht, erfüllt und konstruktiv sein. Seine Stärken sind Gerechtigkeitssinn, Mut, Entschlusskraft und Präsenz.

Dem „Kämpfer" kann es schwerfallen, in intimen Beziehungen seine Abwehr zu lockern. Intimität bedeutet emotionale Verwundbarkeit und vor einer solchen Verwundbarkeit sitzen die Ängste des „Kämpfers" am tiefsten. Verrat jeder Art ist absolut nicht hinnehmbar und kann eine machtvolle Reaktion des verletzten „Kämpfers" provozieren. Intime Beziehungen sind häufig der Ort, wo die Tendenzen des „Kämpfers", dominieren zu wollen, am offensichtlichsten werden und die Frage nach dem Vertrauen eine zentrale Bedeutung bekommt. Der „Kämpfer" hat oft eine sentimentale Seite, die er sogar vor seinen Partnern verbergen will, genauso wie seine Angst vor Verletzung.

Aber genauso schwer, wie sich der „Kämpfer" mit dem Vertrauen tut, genau so sehr hat man in ihm einen unerschütterlichen Verbündeten und treuen Freund, wenn er einen erst einmal an sich heran gelassen hat. Die mächtigen Beschützerinstinkte des „Kämpfers" kommen ins Spiel, wenn es gilt, Familie oder Freunde zu verteidigen. Und der „Kämpfer" verzeiht häufig einen Fehler großzügig, den er sonst bedingungslos verfolgt hätte, wenn er von jemandem gemacht wurde, der unter seinem Schutz steht.

Das (unterdrückte) Gefühl

Aus Angst, mit eigenen Schwächen konfrontiert zu werden, reagiert der "Kämpfer" mit unbedingtem Durchsetzungswillen.

Der Abwehrmechanismus, den der "Kämpfer" entwickelt, um alles, was seine angenommene Unverletzbarkeit gefährdet, von sich fern zu halten, ist die Verleugnung, nämlich unerwünschte Dinge zwar zu sehen, dann aber nicht wahrzunehmen.

Besonders bezogen auf seine eigene Person schiebt er häufig jeden Anflug von Schwäche rigoros beiseite. So sehr er sich für die verfolgte Unschuld mit aller Vehemenz einsetzen kann, versteht er es andererseits, die Verletzlichkeit in sich selbst zu übersehen.

Die Grunddynamik des „Kämpfers" entstand als Reaktion auf eine lebensgeschichtlich gespürte eigene Ohnmacht, gegen die er rebellisch aufbegehrt. Im Zuge dieses Aufbegehrens gegen jede Einschränkung, die er ahnt, setzt er jetzt seinerseits auf Macht. Dieses

Machtstreben jedoch verhindert, dass Gemeinsamkeit mit anderen, dass sich Kooperation entwickelt. Dadurch wiederum fühlt sich der „Kämpfer" erneut ohnmächtig und sieht sich gezwungen, noch mehr Dominanz aufzuwenden.

Hinweis für die gemeinsame Arbeit

Für den „Kämpfer" ist es wichtig, sehr vorsichtig und langsam in Kontakt mit seiner eigenen Verletzlichkeit zu kommen und diese akzeptieren und auch wertschätzen zu lernen.

Differentielle Überlegungen

„Genießer": Beide sind Anführer-Typen und hoch energiegeladene Personen, jedoch ist der „Kämpfer" deutlich zielgerichteter und furchtloser und hat eine körperlich verankerte Energie, während das Energiemuster des „Genießers" eher eine nervöse, emotionale Qualität hat.

„Treuer": Durch die kontraphobische Reaktion des „Treuen" wirkt auch er gerne rebellisch oder kämpferisch, aber der „Treue" ist wesentlich selbstunsicherer als der „Kämpfer.

"Friedliebender"

Frieden und Harmonie aufrechterhalten

Was sich der "Friedliebende" am sehnlichsten wünscht, ist Harmonie. Um nicht in Konflikte zu geraten, kann er ein erstaunliches Einfühlungs- und

Anpassungsvermögen entwickeln. Da er in Konfliktfällen häufig allen Seiten gerecht werden will, ist er der ideale Vermittler und Friedensstifter. Außerdem wirkt er auf seine Umwelt stets bescheiden.

Ein Mensch mit diesem Muster an Verhalten, Gefühlen und Gedanken hat ein starkes Bedürfnis nach Frieden und Harmonie. Er versucht, Konflikte zu vermeiden oder zu lösen, sei es ein innerer oder ein zwischenmenschlicher. Das Leben aber enthält an jeder Stelle Konfliktpotential, so dass der Wunsch des „Friedliebenden" ihn zu einer Art Rückzug vom Leben führt.

Tatsächlich sind viele „Friedliebende" introvertiert. Andere führen ein aktives soziales Leben, bleiben jedoch bis zu einem gewissen Grad „draußen" oder lassen sich nicht voll ein, als wollten sie sich vor der Bedrohung ihres Seelenfriedens schützen. Die meisten „Friedliebenden" sind ziemlich gelassen. Sie haben sich in einer Strategie des „Passt-schon" eingerichtet. Sie sind im Allgemeinen verlässliche, robuste, tolerante und freundliche Menschen.

Ein Problem ist, dass der „Friedliebende" sich häufig deshalb nicht in den Vordergrund stellt, weil er Konflikte vermeiden will. Wer eine herausgehobene Position einnimmt, wird bekanntlich häufig angegriffen. Dem will der "Friedliebende" aber gern aus dem Wege gehen. Seine Konfliktscheu bewirkt bei ihm auch, dass er sich schwer tut, dann Position zu beziehen und Entscheidungen zu treffen, wenn er keine allgemeine Zustimmung finden wird. Alles, was Disharmonie, Ärger oder Streit verursachen kann, schiebt er gern von sich weg und auf die lange Bank.

Wenn er von etwas wirklich überzeugt ist, kann er sich allerdings erstaunlich gut durchsetzen. Aber alles andere vermeidet er gerne, solange es geht, wenn es Disharmonie auslösen könnte. Wenn er unausgeglichen ist, kann er selbstvernachlässigend wirken. Wenn er nur halbwegs im Gleichgewicht ist, kann er angepasst, aber auch passiv reagieren. Wenn er mit sich im Reinen ist, kann er unbefangen, eigenständig und gutherzig sein. Seine Stärken sind Ausgeglichenheit, Konsensorientiertheit und Menschenfreundlichkeit.

Der „Friedliebende" neigt zu einer optimistischen Haltung dem Leben gegenüber. Er ist meistens ein vertrauensseliger Mensch, der im anderen das Beste sieht. Oft hat er einen tief sitzenden Glauben, dass sich die Dinge irgendwie fügen werden. Er hat den Wunsch dazuzugehören - zu anderen und zur Welt im Ganzen. Er fühlt sich meist in der Natur zu Hause und ist im Allgemeinen ein warmherziger und achtsamer Mensch.

Das (unterdrückte) Gefühl

Hinter der Gabe, beruhigend, ausgleichend und versöhnend zu wirken, lauert die Gefahr einer Antriebsschwäche. Diese Antriebsschwäche ist Folge der Angst, sich durch Engagement zu sehr zu profilieren und dadurch Disharmonie zu erzeugen. Deshalb schätzt der "Friedliebende" es, wenn alles so bleibt, wie es ist und in den gewohnten Bahnen verläuft. Was ihm aber häufig fehlt, ist die Eigeninitiative - außer er ist von etwas wirklich überzeugt. Sonst aber muss er quasi zum

Jagen getragen werden. Wenn er zu Konflikten von anderen gezwungen wird, verfolgt er entweder die Strategie des Aussitzens oder der Flucht.

Der Abwehrmechanismus, den der "Friedliebende" typischerweise entwickelt, um seinem Wunsch zu folgen, in Ruhe gelassen zu werden, ist die Vermeidung durch Rückzug. Das bevorzugte Mittel, die ersehnte Ruhe zu finden, ist der Schlaf. Schlaf ist der ideale Zufluchtsort, wenn einem das Leben zu anstrengend und zu fordernd wird. Der „Friedliebende" leidet allerdings häufig unter Schlafstörungen, vielleicht weil er sich so darauf konzentriert. Den Drang zum Rückzug darf man allerdings nicht als einen zur Isolation missverstehen. Der "Friedliebende" will mit anderen Menschen leben und zwar in Harmonie.

Die Grunddynamik des „Friedliebenden" entsteht als Reaktion darauf, nicht beachtet zu werden. Statt seinen Ärger darüber in Dominanzstreben oder Zorn auszuleben, ignoriert er seinerseits, dass er nicht beachtet wird. Dadurch vermeidet der „Friedliebende" aber durchgehend, sich selbst zu präsentieren oder zum Ausdruck zu bringen, was wiederum dazu führt, dass er immer wieder übersehen wird, was ihm indirekt immer wieder seine vermeintliche Nichtigkeit vor Augen führt.

Die Schwierigkeiten des „Friedliebenden", Konflikte zu ertragen, wandeln sich manchmal in eine generell ängstliche Haltung gegenüber Veränderungen. Wandel kann unangenehme Gefühle hervorrufen und den Wunsch des „Friedliebenden" nach Bequemlichkeit jäh unterbrechen. Ein unausgeglichener „Friedliebender" scheint Schwierigkeiten zu haben, sich selbst zum Handeln zu motivieren und wirkliche Veränderungen hervorzubringen.

Wenn der Wandel jedoch kommt - wie er es immer tut – entdeckt der „Friedliebende", dass er sehr wohl in der Lage ist, sich mitzubewegen. Er ist deutlich belastbarer, als er sich selbst einschätzt. Tatsächlich neigt der „Friedliebende" nicht dazu, sich viel zuzutrauen und seine bescheidene Art scheint andere oft dazu einzuladen, die Bedeutung seines Beitrages zu übersehen oder ihn für selbstverständlich zu halten. Das kann einen untergründigen Ärger verursachen, der sich in der Seele des „Friedliebenden" aufstaut und der im Bewusstsein in seltenen Zornesausbrüchen, die sich schnell legen, ausbrechen kann. Viel häufiger aber zeigt er sich in der psychosomatischen Vielgestaltigkeit wie Kopfschmerzen, Angstzustände, Zähneknirschen, Verspannungen. Übersehen zu werden, ist oftmals eine Quelle tiefer Traurigkeit des „Friedliebenden" - eine Traurigkeit, die er kaum jemals beim Namen nennt.

Hinweis für die gemeinsame Arbeit

Da der „Friedliebende", wenn es ihm wirklich wichtig ist, sich durchaus durchsetzen und einsetzen kann, und sich vor allem selbst unterschätzt, ist es vor allem wichtig, die bereits vorhandenen Fähigkeiten zu aktivieren. Für ihn ist das Selbstwerttraining von besonderer Bedeutung. Allerdings wird er bei Druck sofort seine Abwehrstrategien aktivieren, daher ist für ihn ein harmonisches unterstützendes Umfeld am wichtigsten.

Differentielle Überlegungen

„Treuer": Beide sehnen sich nach Ruhe und Frieden, jedoch hat der „Friedliebende" durchaus die Fähigkeit, zur Ruhe zu kommen und anderen zu vertrauen, was beides für den „Treuen" eher schwierig ist.

„Denker": Intellektuelle „Friedliebende" können sich auch für „Denker" halten, wobei „Denker intellektuell streitbar sind, während „Friedliebende" auch dann auf Ausgleich bedacht sind.

„Innere Modi und Muster"

Eine noch exaktere und individuellere Analyse der Muster im Denken, Fühlen und Verhalten bietet die Differenzierung der Modi und Muster. Hierbei geht man davon aus, dass es fünf Kernbedürfnisse des Menschen gibt, die in der Kindheit mehr oder weniger erfüllt werden können. Bleiben ein oder mehrere Kernbedürfnisse unerfüllt, entwickeln sich dadurch individuelle Muster im Fühlen, Denken und Verhalten. Um mit diesen Mustern in der äußeren Welt zurechtzukommen, stellen sich „Modi" heraus. Das sind seelische innere Anteile, die zum Teil kindlich, zum Teil erwachsen reagieren und versuchen das gesamte Körper-Seele-Geist-System trotz oder mit dem Muster auf die äußere Welt einzustellen. Hat jemand beispielsweise ein perfektionistisches Grundmuster, und will immer alles richtig machen, dann kann er damit so in einer nicht perfekten Welt nicht leben. Deshalb wird ein kindlicher oder erwachsener innerer Anteil aktiviert, ein Modus. Die Modi sind also die Art und die Weise wie wir mit den uns eingeprägten Mustern umgehen, unsere kindlichen und erwachsenen inneren Anteile.

Umso problematischer wird der Umgang mit Mustern und Modi in der Welt, je mehr der einzelne Mensch von einer möglichst bewussten und aktiven Reaktion ins Reflexartige wechselt, dessen er sich nicht mehr bewusst ist, und das sich auch seiner aktiven Kontrolle entzieht. Dies schränkt die Alternativen im Denken, Fühlen und Verhalten umso mehr ein.

Bewältigungsmodi

Emotionale, „kindliche" Anteile

"Verletztes, ängstliches, einsames Kind"

Der innere Anteil des "verletzten, ängstlichen Kindes" fühlt sich einsam, isoliert, traurig, unverstanden, ohne Unterstützung, unzulänglich, vernachlässigt, inkompetent, voller Selbstzweifel, hilfsbedürftig, hoffnungslos, furchtsam, schikaniert, wertlos, ungeliebt, nicht liebenswert, verloren, richtungslos, schwach, unterlegen, unterdrückt, machtlos, ausgeschlossen, ignoriert und pessimistisch.

Auf ein Muster des Perfektionismus beispielsweise würde dieser innere Anteil verzweifelt und ohnmächtig reagieren. „Ich kann es sowieso nicht. Ich bin schlecht. Keiner mag mich."

"Ärgerliches Kind"

Die inneren Anteile des "ärgerlichen" Kindes fühlen sich frustriert, ungeduldig, weil die emotionalen Grundbedürfnisse des verletzlichen Kind-Modus nicht erfüllt werden. Das "ärgerliche" Kind jedoch staut die Aggression auf.

Beim perfektionistischen Muster würde der innere Anteil des ärgerlichen Kindes sich ungeduldig und ärgerlich fühlen. „Warum kann ich es nicht? Warum hilft mir keiner? Warum kriege ich nie Unterstützung?"

„Wütendes Kind"

Der innere Anteil des „wütenden Kinds" spürt intensiven Zorn, ist wutentbrannt und erbost. Hier wird die Aggression offen ausagiert.

Beim Beispiel des perfektionistischen Musters würde dieser innere Anteil mit offener Aggression reagieren: „Ist doch alles Mist! Alle anderen sind schuld, dass ich nicht das erreichen kann, was ich will." Und man wirft die Klamotten an die Wand.

"Undiszipliniertes Kind"

Der innere Anteil des "undisziplinierten Kindes" reagiert leicht frustriert, kann sich nicht zu lästigen oder unangenehmen Tätigkeiten aufraffen und sieht nicht ein, sich für sein langfristiges Wohl einzusetzen. "Gute Vorsätze" werden meistens von diesem inneren Anteil unterlaufen.

Auf das Beispiel des perfektionistischen Musters würde dieser innere Anteil reagieren mit: „Ja, das möchte ich erreichen, hat aber ja doch alles keinen Sinn. Also lass ich's lieber gleich sein." Und man spielt lieber am Computer oder guckt Fernsehen.

"Impulsives Kind"

Der innere Anteil des "impulsiven Kindes" handelt impulsiv und unkontrolliert mit einer gehörigen Portion Ich-Bezogenheit, um das unmittelbare Verlangen nach Bedürfnissen erfüllt zu bekommen, die NICHT zu den emotionalen Kernbedürfnissen (s.u.) gehören. Dieser innere Anteil muss unbedingt seinen Willen durchsetzen und hat häufig Schwierigkeiten, Befriedigung aufzuschieben. Man fühlt sich oft sehr ärgerlich, zornig, frustriert und ungeduldig, wenn diese nicht zentralen Bedürfnisse unerfüllt bleiben.

Auf das Beispiel des perfektionistischen Musters würde dieser Anteil reagieren mit: „Ich versuche es mit Gewalt, drei Stunden auf einmal, wenn es dann nicht klappt, lass ich das ganze Chaos liegen und gehe feiern oder trinke mir einen."

"Glückliches Kind"

Der innere Anteil des "glücklichen Kindes" fühlt sich geliebt, zufrieden, mit anderen verbunden, erfüllt, akzeptiert, gelobt, wertvoll, genährt, geleitet, verstanden, wertgeschätzt, selbstsicher, kompetent, selbständig, sicher, widerstandsfähig, stark, anpassungsfähig, einbezogen, optimistisch und spontan.

Natürlich gibt es auch den inneren kindlichen Anteil des „glücklichen Kindes", der beim Beispiel des perfektionistischen Musters denken würde: „Ja, ich will gerne immer alles richtig machen, aber ich weiß, dass das nicht geht und fühle mich trotzdem zufrieden, ruhig und wertvoll."

Gelernte, „erwachsene" Anteile

"Gesunder Erwachsener"

Im optimalen Fall umsorgt und tröstet dieser innere Anteil gemeinsam mit dem „glücklichen Kind", dem guten Gefühl, das „verletzliche, ängstliche, einsame Kind" und das „ärgerliche Kind" und akzeptiert die Anteile des „wütenden, impulsiven und dem undisziplinierten Kind" und setzt ihnen freundlich, aber entschieden Grenzen. Er fördert und unterstützt auch das „glückliche Kind", das gute Gefühl, indem er angenehme Aktivitäten wie intellektuelle, soziale und kulturelle Interessen verfolgt und sich um die Selbstfürsorge kümmert. Er sollte die Erwachsenen-Bewältigungsmodi möglichst neutralisieren und ist für die Ausübung von Aufgaben in der Erwachsenenwelt wie Arbeiten, elterliche Fürsorge, Verantwortungsübernahme und Pflichterfüllung verantwortlich.

"Überanpassung und Unterordnung"

Dieser innere Anteil verhält sich in Gegenwart anderer passiv, unterwürfig, Anerkennung suchend und selbstabwertend aus Angst vor Konflikten oder Zurückweisung. Er toleriert schlechte Behandlung, kann gesunde Bedürfnisse oder Wünsche an andere nicht gut formulieren und wählt unbewusst Menschen aus, die das selbstzerstörerische Muster direkt aufrechterhalten oder fühlt sich von diesen intensiv angezogen.

Bei der Bewältigung des perfektionistischen Musters würde dieser Anteil sagen: „Ich kann nicht alles richtig machen, also bin ich besonders nett und lieb zu allen, damit sie mich trotzdem mögen, obwohl ich ja nichts tauge, weil ich immer alles falsch mache."

"Fordernder Erwachsener"

Dieser innere Anteil hat meistens sehr hohe Standards übernommen und verinnerlicht, glaubt, dass ausschließlich Perfektion und allerbeste Leistung gut genug sind, will alles in Ordnung halten, nach hohem Ansehen streben, trotzdem bescheiden sein, die Bedürfnisse anderer über die eigenen stellen, effektiv sein und keine Zeit vertun. Dieser innere Anteil beschreibt eher die extrem hohen inneren Standards als die Art und Weise, sie bei sich selbst durchzusetzen.

Dieser innere Anteil würde bei einem perfektionistischen Grundmuster immer weiter antreiben: „Reiß dich zusammen. Tu noch mehr. Streng dich mehr an."

"Strafender Erwachsener"

Dieser innere Anteil hat meistens strafende Elemente übernommen und glaubt, dass Fehler harte Bestrafung und Beschuldigung verdienen und handelt danach, indem er sich selbst gegenüber beschuldigend, bestrafend und verletzend auftritt. Dieser innere Anteil beschreibt eher die Härte mit der mit sich umgegangen wird.

Dieser innere Anteil würde bei einem perfektionistischen Grundmuster das Erreichen der Ziele versuchen, mit Härte durchzusetzen: „Trink noch mehr Kaffee, dann hältst du noch länger durch. Lauf eine Runde draußen durch die Kälte, dann bleibst du länger wach. Jetzt isst du nichts mehr, bis du es erledigt hast. Wenn du es nicht schaffst, darfst du auch nicht ins Kino gehen."

"Distanzierter Beschützer"

Dieser innere Anteil blendet Gefühle und Bedürfnisse aus, so dass man sie gar nicht mehr spürt, zieht sich emotional von Menschen zurück und lehnt Hilfe ab, erlebt sich selbst als zurückgezogen, unwirklich, abgelenkt, ohne Verbindung zu sich selbst und anderen, leer, gelangweilt und schlapp.

Bei der Bewältigung des perfektionistischen Musters würde er dafür sorgen, dass man die Frustration nicht mehr spürt, aber auch keine Freude oder Zuneigung mehr.

"Distanzierter Tröster

Dieser innere Anteil lenkt sich von den unangenehmen Gefühlen und Bedürfnissen ab, widmet sich intensiv Aktivitäten, die ablenkende, tröstende oder stimulierende Funktionen haben, wie Arbeit oder Sport, aber auch den typischen "Alltagsdrogen" wie

Alkohol, Nikotin, Zucker oder Einkaufen, Glücksspiel oder Internetsurfen.

Bei der Bewältigung des perfektionistischen Musters unseres Beispiels würde dieser innere Anteil die Frustration mit einer der erwähnten Möglichkeiten betäuben.

"Superheld"

Dieser innere Anteil kann sich grandios, hochmütig, herablassend, manipulativ, Beachtung suchend oder statusorientiert fühlen oder verhalten.

Bei der Bewältigung des perfektionistischen Musters im Beispiel würde dieser innere Anteil sagen: „Ich kann das alles. Ich kriege alles geregelt."

"Angreifer"

Dieser innere Anteil kann sich aggressiv, dominant, wettbewerbsorientiert, entwertend, Kontrolle ausübend, rebellisch und ausbeuterisch fühlen oder verhalten.

Zur Bewältigung des perfektionistischen Musters würde dieser innere Anteil wissend, dass er die Perfektion, die er sich wünscht, nicht erreichen kann, laut, fordernd und angriffslustig auftreten, damit niemand wagt, ihn darauf anzusprechen.

Fünf Kernbedürfnisse

Die fünf Kernbedürfnisse eines jeden Menschen und eines jeden Kindes sind eine stabile emotionale Bindung, die Sicherheit und Geborgenheit gibt, Spontaneität und Spiel, angemessene Grenzen, Selbständigkeit und ein Recht auf eigene Gefühle, Wünsche und Bedürfnisse. Diese stelle ich mir vor wie fünf Tanks, die in der Kindheit gefüllt werden. Nach dem Alter von zwölf Jahren kann man sie von außen (Lehrer, Sporttrainer, etc.) noch etwas nachfüllen, ab dem Alter von 18 Jahren kaum noch und mit etwa 25 Jahren sind die Deckel für andere Menschen geschlossen. Der einzige, der dann noch etwas „nachfüllen" kann, ist jeder Mensch selbst.

Aus der mangelhaften Auffüllung der Kernbedürfnisse entwickeln sich Muster, die dann mit Hilfe der Modi mit der Welt in Wechselwirkung treten.

1. Kernbedürfnis: Spontaneität und Spiel

Kindliche Spontaneität, Kreativität und Spiel sollen erlaubt sein und gefördert werden. Geschieht dies nicht, entwickelt sich das Problem von *Überwachsamkeit und Hemmung*

Es finden sich starre innere Regeln. Der Unterdrückung spontaner Gefühle und Vorlieben wird hohe Bedeutung beigemessen auf Kosten von Entspannung, Glück, Beziehungen oder Gesundheit. Das familiäre Ursprungsklima beinhaltet häufig Verbissenheit, Perfektionismus und Strafneigung. Folgende Muster können entstehen:

Pessimismus

Hierbei handelt es sich um die Neigung, die unangenehmen Aspekte des Lebens unter Außerachtlassen der angenehmen hervorzuheben.

Emotionale Hemmung

Dies äußert sich in der Unterdrückung von Gefühlsäußerungen und Spontaneität.

Perfektionismus

Hier findet man das Streben nach Perfektion in allen Lebensbereichen. Hinzu kommt eine überkritische Haltung vor allem sich selbst gegenüber.

Strafneigung

Es findet sich die innere Überzeugung, dass Fehler bestraft werden und immer zu Nachteilen führen.

2. Kernbedürfnis: Autonomie, Kompetenz, Selbständigkeit

Kinder brauchen den Freiraum, sich nach und nach von den primären Bezugspersonen lösen zu dürfen, um eigenständige und unabhängige Erwachsene werden zu können. Bei einer Verletzung in diesem Bereich, entwickelt sich das Problem *eingeschränkter Eigenständigkeit und verminderter Leistungsfähigkeit*.

Es findet sich die innere Überzeugung, ohne Hilfe von außen nicht funktionieren oder Erfolg haben zu können. Der typische familiäre Hintergrund besteht im Unterlaufen kindlichen Selbstvertrauens durch Überbehütung oder Verwicklung. Folgende Muster können sich entwickeln:

Abhängigkeitsgefühl

Es entwickelt sich die Wahrnehmung, sich nicht in der Lage zu sehen, ohne die Hilfe anderer zurechtzukommen.

Anfälligkeit für Leiden

Der betroffene Mensch leidet unter dem ständigen Gefühl, es stünde eine unmittelbare Gefahr bevor, was häufig dazu führt, dass sich tatsächlich Probleme entwickeln.

Verwicklung

Es findet sich eine ausgeprägte emotionale Verwicklung mit einer Bezugsperson auf Kosten der eigenen gesunden Selbst-Entwicklung.

Versagensgefühl

Der betroffene Mensch ist überzeugt, auf Leistungsebene weniger kompetent zu sein als andere.

3. Kernbedürfnis: Recht auf eigene Gefühle, Wünsche und Bedürfnisse

Für ein gesundes Heranwachsen ist vonnöten, dass Kindern erlaubt wird, eine eigene Meinung zu entwickeln, und sie dazu zu ermutigen, ihre echten Gefühle auszudrücken. Entstehen hier Lücken, kommt es zum Problem der *Außenorientierung*.

Der Mensch ist ausgerichtet auf Wünsche, Gefühle und Reaktionen anderer auf Kosten der Befriedigung eigener Bedürfnisse. Der typische familiäre Hintergrund beruht auf bedingter Akzeptanz, das heißt, das Kind erfährt Aufmerksamkeit und Akzeptanz vor allem dann, wenn es sich dem Bild der Eltern konform verhält. Das Kind muss wichtige Aspekte seiner selbst unterdrücken, um sich akzeptiert zu fühlen. Es können folgende Muster entstehen:

Unterordnung

Es zeigt sich die Tendenz, anderen die Führung zu überlassen.

Selbstaufopferung

Es entwickelt sich die Neigung, Bedürfnisse der Umwelt unter Vernachlässigung der eigenen zu erfüllen, um Schuldgefühle zu vermeiden. Daneben besteht meistens eine erhöhte Sensibilität für das Leiden anderer.

Streben nach Anerkennung und Beachtung

Der betroffene Mensch fühlt sich sehr abhängig von der Akzeptanz und Anerkennung durch andere. Er strebt häufig auch nach bestimmten Statussymbolen.

4. Kernbedürfnis: Sichere emotionale Bindung

Kinder müssen sich auf zuverlässige Erwachsene, die ihnen das Gefühl vermitteln, mit ihnen verbunden zu sein, sie zu lieben, zu schützen und zu verstehen, verlassen können. Wird dies nicht gewährleistet, entwickelt sich das Problem des *Ablehnungsgefühls*.

Die betroffenen Menschen glauben nicht, dass ihren Bedürfnissen nach Schutz, Sicherheit, Stabilität, Fürsorge, Empathie, Akzeptanz und Respekt je Rechnung getragen wird. Dieses Problem resultiert typischerweise aus einem distanzierten, kalten, unvorhersehbaren oder missbräuchlichen Erziehungsstil. Es finden sich folgende Muster.

Emotionale Entbehrung

Der betroffene Mensch geht davon aus, dass seinem Bedürfnis nach einem normalen Ausmaß an emotionaler Nähe, Unterstützung und Verständnis nicht entsprochen werden wird. Typischerweise entwickeln sich Einsamkeitsgefühle und innere Leere.

Verlassenheitsgefühl

Andere Menschen werden durchgehend als unvorhersehbar und unzuverlässig wahrgenommen, was zu der tiefen inneren Überzeugung führt, irgendwann immer im Stich gelassen zu werden. Typischerweise entwickeln sich Angst und Panik.

Misstrauen

Es findet sich die durchgehende Erwartung, immer wieder hintergangen, ausgenutzt oder missbraucht zu werden. Es mangelt am Vertrauen in die guten Absichten seines Gegenübers.

Unzulänglichkeitsgefühl

Es zeigt sich die innere Überzeugung, in einem wesentlichen Bereich nicht liebenswert, mangelhaft oder defizitär zu sein. Typischerweise entwickelt sich Scham.

Entfremdung

Es entwickelt sich die Vorstellung, anders zu sein als die anderen. Dadurch mangelt es an der Möglichkeit, ein Zugehörigkeitsgefühl zu einer Gruppe zu entwickeln.

5. Kernbedürfnis: Angemessene Grenzen

Kinder brauchen eine angemessene Begrenzung, und brauchen es, sich an bestimmte Regeln zu halten, ein gewisses Maß an Frustration und Langeweile zu tolerieren und sich im Umgang mit anderen in einem notwendigen Maß zu begrenzen. Bei Schwierigkeiten in diesem Bereich, entwickelt sich das Problem des *Ohne-Grenzen-Seins*.

Es fehlt an innere Grenzen, Verantwortungsbewusstsein und Frustrationstoleranz. Dies wird bedingt durch ein familiäres Klima von Freizügigkeit, Beliebigkeit und Mangel an Grenzsetzung und Führung. Folgende Muster können sich entwickeln:

Anspruchlichkeit/Grandiosität

Es findet sich die Überzeugung, anderen überlegen zu sein und deshalb Anspruch auf besondere Rechte und bevorzugte Behandlung zu haben.

Schwierigkeiten mit der Selbstdisziplin

Es entstehen Schwierigkeiten mit der Impulskontrolle und der Toleranz von Langeweile, Frustration oder Unbehagen.

4. Ursachen für seelisch-geistig-körperliche Beschwerden

Toxischer Stress

Dass es schädlichen und sogar fördernden Stress gibt, ist eine allgemein bekannte Tatsache. Hierbei hängt vieles mit den situativ wirksamen Bewältigungsmechanismen zusammen. Einen wesentlichen Stellenwert hat die empfundene Hilflosigkeit. Selbst recht schwere Ereignisse wirken nicht so verletzend, wenn man das Gefühl hat, man könnte etwas tun. Im Gegensatz dazu können Ereignisse schädlich werden, die vielleicht nicht so spektakulär sind, in denen man jedoch Ohnmacht empfindet.

Man weiß, dass toxischer Stress

- das Immunsystem schwächt, zu vermehrten Infektionen,
- zu Allergien,
- Angsterkrankungen,
- Asthma,
- Arteriosklerose,
- Autoimmunerkrankungen,
- Diabetes mellitus,
- Depressionen,
- Gedächtnisstörungen,
- Kopfschmerzen, besonders Migräne,
- Schlafstörungen,
- Schmerzen und
- bis hin zu Multipler Sklerose und Krebs führen kann.

Toxischer Stress wirkt biologisch auf Zellebene und kann zum Beispiel die Schalter von Schutzgenen ausschalten. (Szyf, 2011, Surtees et al., 2011) Darüber hinaus unterdrückt er die Zellbildung von Nervenzellen, besonders in einem Teil des Gehirns, dem Hippocampus, der für die ausgleichende Stressverarbeitung zuständig ist, so dass das Gehirn in der Folge weniger Stress „aushält".

(Spitzer et al., 2012, Subic-Wrana et al., 2011, Simonic et al., 2010, Walter et al., 2010, Spitzer et al., 2011, Sack et al., 2011, von Känel et al., 2010, Spitzer et al., 2009, von Känel et al., 2007, von Känel et al., 2006, Tosevski und Milovancevic, 2006, Borghol et al., 2012, Anda et al., 2010, Fuller-Thomson et al., 2010, Blech, 2008)

Umgekehrt ist es inzwischen eindeutig, dass Antikörper des zentralen Nervensystems mit dem Fluss des Nervenwassers entlang von Nervenbahnen in das Gewebe des Umfelds geraten und dort wechselwirken. Belegt werden konnte, dass sowohl schwere Infektionskrankheiten als auch Autoimmunerkrankungen seelische Beschwerden verursachen.

Übereinstimmung besteht bei den Wissenschaftlern, dass mehr als ein Dutzend Viren und Bakterien als Erreger für seelische Erkrankungen in Frage kommen, wie Herpes, Mumps, Chlamydien und Borrelien. 2010 konnte gezeigt werden, dass in 40 Prozent der Fälle schwerer seelischer Beschwerden leichte Veränderungen des Nervenwassers wie bei Entzündungen vorliegen. (Baur, 2012)

Daraus ist zu schlussfolgern, dass letzten Endes keine Abgrenzung zwischen „körperlich" oder „biologisch" oder „seelisch" mehr erfolgen sollte. Das Seelische ist entscheidend biologisch mitbestimmt, die Biologie wird vom Seelischen wesentlich beeinflusst.

Adoleszentenkrise

Toxischer Stress tritt häufig in Schwellensituationen des Lebens auf. Häufig ist die erste Schwellensituation des erwachsenen Menschen die so genannte „Adoleszenz" – etwa zwischen achtzehn und fünfundzwanzig Jahren. In dieser Zeit treten so genannte „Adoleszentenkrisen" auf. Der Begriff „Adoleszentenkrise" beschreibt schwerwiegende seelische Probleme infolge körperlicher und psychosozialer Veränderungen an der

Schwelle zum Erwachsenwerden. Drei Phasen in der Entwicklung von Kindern stellen an sie besondere Herausforderungen. Alle Phasen sind durch das Streben nach Unabhängigkeit und das Bedürfnis nach Sicherheit, Geborgenheit und Rückversicherung – häufig im schnellen Wechsel – gekennzeichnet. Während der Trotzphase im Kindergarten- und Vorschulalter lernt das Kind sich als überhaupt von der Welt Getrenntes kennen. In der Pubertät ist der Jugendliche mit seiner Abgrenzung vom Bekannten im Sinne eines „Das-will-ich-nicht" und „So-bin-ich-nicht" befasst. Das Herkömmliche wird abgelehnt, dagegen mehr oder weniger angekämpft. In der Adoleszentenkrise geht es schließlich um das Eigene, um ein „Was-will-ich" und „Wer-bin-ich". In der Adoleszenz haben junge Erwachsene schwierige Entwicklungsaufgaben zu meistern, während sie Identität und Selbstwertgefühl, Individualität und Unabhängigkeit in dieser Zeit ausbilden. Dabei geraten sie häufig in Krisen. Außerdem müssen sie in dieser Phase des Lebens erstmals mehr oder weniger alleine auch mit der Erkenntnis und dem Erleben eigener Schwächen, Engpässe, Gebrechen oder Unglücksfällen fertig werden. Sie beginnen aktiv, Wurzeln zu suchen – biologische und biographische – um das, was sie an Möglichkeiten in sich fühlen, wirksam und stimmig zum Ausdruck bringen zu können.

"Wer bin ich eigentlich? Wo komme ich her? Wo ist mein Platz? Was ist der Sinn des Daseins? Warum alle Entbehrungen, Planungen, Rücksichten und Einschränkungen angesichts der Endlichkeit, eines absehbaren, allen vermeintlichen Erfolgen höhnenden Endes?"

Junge Erwachsene suchen nach Ewigkeiten, und dort, wo Religion, Tradition und alte Werte keine Stabilisierung – mehr – bringen, wird aus dem Eigenen versucht, ewig Gültiges zu schaffen. Die immer vorhandene Vorläufigkeit irritiert, weil sie den sinnstiftenden Gefühlen und ihrem Anspruch auf Absolutheit entgegensteht. Häufig vergleicht man sich mit Altersgenossen und versucht, die eigene Stellung und das eigene Vorankommen an anderen zu bemessen. Das kann nur zu Störungen eines an sich bereits zerbrechlichen Selbstwertgefühls führen, da einen stets das Gefühl begleitet, auf die eine oder die andere Art den Anschluss zu verlieren.

Während der Adoleszenz wirken die Entwicklung der sekundären Geschlechtsmerkmale, der Wachstumsschub und die darauf beruhenden körperlichen Veränderungen massiv auf das körperlich-seelische Selbstverständnis ein. Das Körperschema als ein Teil des Selbstbildes muss neu formiert werden. Ein in diesem Zusammenhang wichtiges Phänomen ist die „Akzeleration", das heißt die Diskrepanz zwischen einer plötzlich beschleunigten körperlichen und intellektuellen und einer meist noch dahinter deutlich zurückbleibenden seelischen Entwicklung. Diese Diskrepanz führt dazu, dass junge Erwachsene entgegen ihren tiefgreifenden seelischen Bedürfnissen aufgrund ihres körperlichen und intellektuellen Auftretens meistens seelisch gesehen zu distanziert behandelt werden.

Auf der intellektuellen Ebene werden in der Adoleszenz alte Denkmuster abgelöst. Der Erwerb der Fähigkeit, Hypothesen zu bilden und Lösungswege für Probleme in Einzelschritten zu entwickeln, führt zu einer Veränderung der bisherigen Bewertungs- und Orientierungssysteme. Die Fähigkeit zur Beobachtung und In-Frage-Stellung des eigenen Verhaltens und die Selbsterkenntnis nehmen zu. Dadurch wird der junge Erwachsene vor eine häufig übergroß erscheinende Herausforderung gestellt. Man sucht mit zunehmender Kritikfähigkeit seine ganz persönliche Stellungnahme zur Welt und übernimmt Autoritäten und Wertesysteme nicht mehr unhinterfragt. Wertekrisen können auftreten, wenn die jungen Erwachsenen in unterschiedlichen Lebensbereichen - in der Familie, bei Gleichaltrigen, in der Schule, der Berufsausbildung oder der Freizeitkultur - unterschiedliche Wertschätzungen ausmachen und deren Widersprüchlichkeit entlarven. Unsicherheit in Bezug auf den Wertemaßstab kann einen an einem hohen, letztlich unerfüllbaren Werteideal festhalten lassen, an dem die anderen Menschen – meist aber auch man selbst – nur abgewertet werden können. Andererseits können solche Krisen zu einer „No-Future"-Perspektive oder einer „Nichts-macht-Sinn"-Grundhaltung bezüglich aller ethischen Werte Anlass geben.

Auf der sozialen Schiene muss der junge Erwachsene neue Rollen des Erwachsenenalters in ihrer Vorläufigkeit annehmen und zunehmend auch die Notwendigkeit zur Übernahme von Verantwortung erkennen. Gerade in diesem Alter geschieht häufig eine besondere Weichenstellung in der Ausbildung und persönlichen Karriere, so dass seelische Krisen in dieser Zeit zu schweren Entwicklungshemmnissen werden können, wenn zu wenige Entwicklungs- und Entfaltungsmöglichkeiten zur Verfügung stehen. Junge

Erwachsene erleben es auch als schwierig, sich für den Rest ihres Daseins auf eine Tätigkeit oder eine Ausrichtung festzulegen. Hier zeigt sich verdeckt der Schmerz, von kindlichen Zukunftsphantasien Abschied zu nehmen. Das Leben zeigt sich durch den Verlust an spielerischen Möglichkeiten zunächst zunehmend in seiner Härte. Alles erscheint mit einem Schlag ernst.

Eine besondere Aufgabe des Adoleszenten-Alters ist die Entwicklung von Identität. Identität bedeutet, dass ein Mensch als einmalig und unverwechselbar definiert wird sowohl durch die soziale Umgebung als auch durch ihn selbst. Identität ist etwas nicht endgültig Fassbares. Sie bleibt immer eine Konstruktion, eine Hypothese, die sich täglich durch neue Erfahrungen in der Selbstbeobachtung entwickeln muss.

Die Identitätserfahrung beruft sich dabei auf die Erfahrung – in der eigenen kontinuierlichen Biographie - des „Abgegrenzt-Seins" von anderen, des „Man-selbst-Bleibens" auch in unterschiedlichen seelischen Zuständen, der eigenen Lebendigkeit und Aktivität sowie der Eigenbestimmung im Handeln. Ein wichtiger Mechanismus zum Identitätserwerb in der Adoleszenz ist eine scheinbar verbindliche Übernahme einer sozialen Rolle. Wenn zwischen verschiedenen inneren seelischen Anteilen zu große „Meinungsverschiedenheiten" auftreten, werden gefühlsmäßig so widersprüchliche Erfahrungen gemacht, dass diese nicht mehr miteinander vereinbar sind. Man fühlt sich dann „fremd in der eigenen Haut" oder hört „seine eigene Stimme wie die eines Fremden" oder fühlt sich wie "fremdgesteuert".

Auch die Entwicklung des Selbstwertes gehört zu den besonderen Aufgaben der Adoleszenz. Das Selbstwertgefühl eines Menschen entwickelt sich aus den Erfahrungen von eigener Kompetenz und Akzeptanz durch andere. Intellektuelle Fähigkeiten, körperliche Ausstattung und auch Temperament, Initiative und Durchhaltekraft können nur dann zum Selbstwert beitragen, wenn sie sozial und von einem selbst angenommen werden und als Fähigkeit auch in der Wechselwirkung mit anderen Menschen zum Tragen kommen können. Fähigkeiten müssen einem Menschen von sich selbst und anderen zugeschrieben werden. Sie einfach zu besitzen genügt dem Seelischen nicht. Ein Spielraum zur Entfaltung der eigenen Kompetenz muss ebenfalls durch einen selbst und andere gewährt werden. Gerade im jungen Erwachsenenalter kommt es durch die zunehmende Selbstbeobachtung und Kritikfähigkeit an sich selbst und anderen zu kritischen Phasen im Selbstwertgefühl. Wenn Kompetenz und Akzeptanz durch einen selbst und von anderen den eigenen – oft extrem hohen - Idealvorstellungen nicht genügen, kann dies zu Selbstwertkrisen führen. Das zerbrechliche Erleben von sich selbst wird oft mit hochfliegendem Ehrgeiz, Abwertungen, Idealisierungen, Kränkbarkeit und Wut verknüpft - was für die Entwicklung auch unabdingbar ist. Die Entwicklung des Menschen kann nur durch Konzepte und Streben vonstattengehen, die über die Person selbst und ihre Bedingtheit hinausführen, an denen man wachsen kann und durch die man sich selbst fordert, und die man auch immer wieder korrigiert.

Von elementarer Bedeutung für die seelische Gesundheit, ist es hier, immer wieder den Blick zu heben und zu prüfen, wie die Konzepte und Pläne für das eigene Leben zum eigenen Wesen passen. Entspricht es wirklich dem eigenen Willen und den Fähigkeiten, was man sich vorgenommen hat oder kann man hier nur scheitern, weil es einfach nicht in einem steckt? Kein Mensch kann alles und sollte es auch nicht mit aller Kraft versuchen.

„Suche Individualität. Wirf das, was fremd ist, über Bord. Knüpfe eine Verbindung mit deinem inneren Ich und kümmere dich um deinen roten Faden."

Auch die Entwicklung von Selbständigkeit gehört zu den Aufgaben des jungen Erwachsenenalters. Verselbständigung und Unabhängigkeit entwickeln sich im Spannungsfeld zwischen „Fortstreben" und Bindung an ein „inneres Zuhause". Das Gelingen ist stark an einen stabiles Selbstwertgefühl und eine gelungene Identitätsbildung gebunden. Eine zu späte oder missglückte Verabschiedung aus dem engen Familienkreis, der häufig zur demütigenden Rückkehr in die Familie führt, ist ebenso seelisch gefährdend wie der zu frühe Abschied, der den jungen Erwachsenen zu früh seelisch ganz auf sich alleine stellt.

"Reife ist die Fähigkeit, das Rechte auch dann zu tun, wenn es die Eltern empfohlen haben."

In der Adoleszentenkrise ist bei tiefgreifenden Schwierigkeiten somit unbedingt eine fachliche Beratung und in der Folge häufig eine psychotherapeutische Behandlung notwendig.

Chronischer Beziehungskonflikt

Im weiteren Leben entsteht toxischer Stress häufig durch und während chronischer Beziehungskonflikte. Bei chronifizierten Verhaltensmustern innerhalb von Beziehungen, die sich immer wieder im Kreis drehen, ist häufig das unbewusste konflikthafte Zusammenspiel beider Partner zur Unterdrückung abgewehrter Impulse und Gefühle beider Seiten wirksam, was Jürg Willi im Begriff der "Kollusion" zusammengefasst hat. Innerhalb dieses konflikthaften Zusammenspiels erscheint es anfangs häufig, als würden die Partner "perfekt" zusammenpassen, weil sie jeweils die abgewehrten Impulse und Gefühle des anderen ersetzen. Der eine möchte vielleicht mal „stark" sein, erlaubt es sich aber nicht und sucht sich daher einen „starken" Partner. Dieser wiederum würde gerne mal „schwach" sein, erlaubt sich dieses nicht und sucht sich daher einen „schwachen" Partner. Im anderen kann man dann die eigenen unerlaubten Impulse und Wünsche zunächst im anderen gelebt sehen und den anderen ausleben lassen.

Im Verlauf entwickelt sich aber der chronische Konflikt, weil eben der eine dem anderen die Gefühle, Wünsche und Bedürfnisse nicht ersetzen kann. Aus diesem Grunde sieht es häufig nach außen auch so aus, als sei der eine der "Über-" und der andere der "Unterlegene", wobei dies nur Kennzeichen eines unterbewussten "Zusammenspiels" sein können. Es entsteht der Eindruck, dass der Partner geradezu das Gegenteil des anderen ist, dabei stellen aber beide nur die Pole des gleichen Themas dar. Dies bewirkt zusätzlich die Anziehung und Verklammerung der

Partner. Jeder hofft unterbewusst von seinem Partner von seinem Grundkonflikt erlöst zu werden. Im längeren Zusammenleben scheitert der "Selbstheilungsversuch", weil beide nur den Wunsch abgewehrt hatten, beispielsweise der "Starke", auch mal "schwach" zu sein und der "Schwache" auch mal "stark" zu sein. Es entwickeln sich immer extremere Positionen der Partner. Auf Dauer kann der "Starke" dem "Schwachen" nicht mehr die fürsorgliche Befriedigung geben, die er sich selbst versagt, und der "Schwache" hegt Aggressionen gegenüber dem "Starken, weil er sich durch das ständige Angewiesen-Sein auf ihn gekränkt fühlt. Dann schlägt die Beziehung in Destruktion um. Meistens finden sich drei Grundthemen:

Autonomie und Abhängigkeit

Zum Thema „Autonomie und Abhängigkeit" verhält sich der eine Partner wie ein „Star" und der andere wie ein „Fan". Anfangs spricht der so genannte "Fan": "*Toll, wie grandios und selbstbewusst du bist!*" Und der so genannte "Star" sagt: "*Toll, wie du mich bewunderst und verehrst!*"

Ist der Konflikt gekippt, spricht der "Fan": "*Unerträglich, wie selbstherrlich und demütigend du bist!*" Der "Star" sagt dann: "*Unerträglich, wie mich deine demütige Haltung einengt und verpflichtet!*"

Eine Lösung besteht im Einüben der Bestätigung des jeweils anderen als abgegrenzte individuelle Person. Der "Fan" sollte selbst mehr Selbstwertgefühl entwickeln, während der "Star" einsehen sollte, dass er durchaus nicht vollkommen ist.

Fürsorge und Selbstverantwortung

Zum Thema „Fürsorge und Selbstverantwortung" verhält sich der eine Partner wie ein „direkt Nehmender" oder ein Kind und der andere Partner wie ein „Umsorgender" oder ein „Elternteil". Anfangs äußert der "Direkt Nehmende": "*Es tut mir so gut, wie viel innige Geborgenheit du mir vermittelst!*" Und der "Umsorgende" teilt mit: "*Es tut mir so gut, wie du mir bedingungslos vertraust!*"

Ist der Konflikt eskaliert, äußert der "Direkt Nehmende": "*Unerträglich, dass du mich ständig wie ein Kind behandelst und außerdem gibst du mir nicht genug!*" Und der "Umsorgende" teilt mit: "*Unerträglich, wie du mich mit deinen Ansprüchen total auslaugst und es mir überhaupt nicht dankst!*"

Eine Lösung besteht im Einüben von gegenseitigem Geben und Nehmen. Der "direkt Nehmende" sollte selbständiger und weniger anklammernd werden, während der "Umsorgende" lernen sollte, auch mal passiv zu sein und auch mal anzunehmen.

Dominanz und Hingabe

Zum Thema „Dominanz und Hingabe" verhält sich der eine Partner wie der „König" und der andere wie ein „Untertan". Anfangs drückt der "Untertan" aus: "*Toll, wie stark, aktiv und durchsetzungsfähig du bist!*" Und der "König" sagt: "*Toll, wie nachgiebig und lieb du bist!*"

Ist der Konflikt präsent, bringt der "Untertan" zum Ausdruck: *"Unerträglich, wie autoritär und tyrannisch du bist!"* Und der "König" sagt: *"Unerträglich, wie weich und schwach du bist!"*

Eine Lösung besteht im Einüben von gegenseitiger Solidarität ohne Zwang. Der "Untertan" sollte lernen, sich selbst besser zu vertreten und durchzusetzen, während der "König" lernen sollte, auch mal nachzugeben und einzulenken.

Insgesamt ist es wichtig zu erkennen, welche inneren Anteile man ablehnt und an den Partner abgibt und diese wiederum in sich selbst zu integrieren. Das Verständnis für den Partner sollte gefördert werden, so dass man ihn so zu betrachten und akzeptieren lernt, wie er ist. Die Partner sollten begreifen, dass sie Pole des gleichen Themas eingenommen haben, so dass das Trennende wieder zum Verbindenden werden kann.

Abhängigkeit von Zuneigung und Anerkennung

Eine weitere sehr häufige Ursache von toxischem Stress ist, dass Menschen sich von der Zuneigung und der Anerkennung anderer abhängig fühlen. Da man als Kind nicht in der Lage ist, sich selbst von „außen" zu betrachten und somit als rundum in Ordnung zu begreifen, so wie man ist, ist es die besondere Aufgabe der Eltern, den Kindern die Überzeugung zu vermitteln, dass sie vollkommen in Ordnung sind, so wie sie sind. Hier geht es um das So-Sein. Natürlich müssen Eltern dem Verhalten von Kindern authentisch Grenzen setzen und es kritisieren dürfen. Wenn aber Eltern ihre Kinder - unabhängig von ihrer eigentlichen Überzeugung - so behandeln, als seien sie in ihrem Sein nicht in Ordnung, nicht wertvoll, nicht liebenswert, nicht bedeutsam oder insgesamt an manchen Stellen "nicht richtig", übernehmen Kinder diese Sichtweise von sich selbst, die sie wiederum aus dem Verhalten ihrer Bezugspersonen ableiten.

Dieser vermeintliche Defekt des „Nicht-in-Ordnung-Seins" wird vom Kind - und später auch vom Erwachsenen - versucht, mit Zuwendung und Anerkennung von außen, zunächst von den Eltern, später von allen möglichen anderen Menschen, zu füllen. Hierbei entwickelt sich eine Abhängigkeit von Zuwendung und Anerkennung von anderen Menschen im typischen Sucht-Sinn. Bekommt man Zuwendung und Anerkennung geht es einem gut, bekommt man keine wird es immer schlechter. Kritik oder Missbilligung werden sofort mit dem "defekten" Bild von sich selbst in Übereinstimmung gebracht und man fühlt sich zunehmend schlechter. Schließlich braucht man immer mehr Zuwendung und Anerkennung, um sich überhaupt einigermaßen gut zu fühlen. Daher fühlen sich viele Menschen auch so gut, wenn sie mal längere Zeit alleine sind. Wie in einem Entzug entfernen sie sich künstlich von Zuwendung und Anerkennung von außen und finden wieder heraus, dass in ihrem Inneren Frieden herrscht und alles in Ordnung ist. Wichtig ist die psychotherapeutische Arbeit an der inneren Überzeugung, vollkommen in Ordnung zu sein, wie man ist.

Diese Problematik wird häufig von drei Typen problematischer früher Bezugspersonen, meistens Elternteile, ausgelöst. Dadurch entwickelt sich das Kind zu einem Erwachsenen vom Typ des "direkt Nehmenden", der seine Selbstfürsorge anderen überlässt und damit das Gefühl von „Zuneigung" erwirbt, oder des "Umsorgenden", der sich immer um andere kümmert, um dadurch Zuwendung und Anerkennung zu erringen, und daher ebenfalls kaum Selbstfürsorge pflegt.

Problematische Bezugspersonen

Der Macht-Typus

Der Macht-Typus will alles bestimmen. Es muss alles nach seinem Kopf gehen - und sei es mit Gewalt. Gewalt bedeutet selbstverständlich sowohl körperliche als auch seelische Gewalt. Die Bedeutsamkeit der Gewalt wird durch das Erleben des Kindes definiert. Es gibt Situationen, in denen ein Klaps für nicht weiter schlimm gehalten wird, während er allerdings auch niemals etwas nützt. Andererseits gibt es Situationen, in denen ein vernichtender, geringschätziger Blick ein größeres Ausmaß an Gewalt darstellen kann. Das Machtbedürfnis des Macht-Typus wird häufig auch auf scheinbar nebensächlichen Gebieten ausgelebt, wie Kleidung, Frisur oder Hobbys. Selbst kleine eigene Wünsche des Kindes werden übergangen oder nicht berücksichtigt. „Du willst Geige spielen? Ach, spiel doch lieber Klavier..." „Du willst Fußball spielen? Das spielen doch nur Rowdys, spiel lieber Tennis." Alle möglichen Entscheidungen werden dem Kind abgenommen. „Du gehst auf die Realschule, machst eine Lehre und wirst was ‚Ordentliches'" oder „Du gehst aufs Gymnasium, machst Abitur und studierst Jura wie dein Vater". Demütigende Strafen sind dann häufig unberechenbar. Das Kind kann Strafen auch nicht vermeiden, wenn es sich anpasst. Die Intimsphäre des Kindes wird häufig nicht respektiert. Geheimnisse werden nicht geduldet. Es wird gerne das Tagebuch gelesen oder die Post des Kindes geöffnet. Lob und Ermutigung werden nur sehr selten, scharfe Kritik und Entmutigung sehr häufig geäußert.

Dem – ehemaligen – Kind kann es in der Folge an Selbstvertrauen fehlen, weil es unter der Bevormundung nicht möglich war, Vertrauen in die eigenen Fähigkeiten zu entwickeln. Es kann Schwierigkeiten mit der Selbstbehauptung entwickeln, weil die Durchsetzung gegen einen "mächtigen Gegner" nicht gelernt wurde. Und vor allem kann das Kind Schwierigkeiten haben, seine eigenen inneren Wünsche und Bedürfnisse wahrzunehmen, klar zu formulieren und durchzusetzen, weil es dieses "Fach" in der "Elternschule" einfach nicht gab. Von besonderer Bedeutung ist es, zu lernen, seine eigenen Wünsche und Bedürfnisse überhaupt wahrzunehmen, sie auch zu formulieren und sich zu behaupten.

Der Opfer-Typus

Der Opfer-Typus übt ebenso Macht aus wie der Macht-Typus, aber gewissermaßen hinten herum. Er präsentiert sich häufig als schwach, besonders liebenswürdig oder bedürftig. Das Kind kommt reflexartig in die Rolle des „Helfers". Häufig wird subtil das Verlassen des Kindes oder der Familie durch

Weggehen, Krankheit oder sogar Suizid angedeutet: *„Ich halte das alles nicht mehr aus..."* Der Opfer-Typus löst beim Kind reflexartig Schuldgefühle aus. Erfüllt das Kind die "stillen" Erwartungen, fühlt es sich trotzdem nur als hätte es ein virtuelles Defizit angeglichen und nicht als hätte es etwas wirklich Gutes getan. Es besteht häufig ein Leiden durch Lebensumstände oder Kränkeln, welches wirklich existieren und stets betont oder auch konstruiert sein kann. Der Opfer-Typus deutet immer wieder eine Aufopferung für den anderen an in Form ganz konkreter "Opfer", also Unterstützung des anderen, oder auch allgemeiner, *"was man alles hätte werden können ohne Kinder oder Familie"*.

Dadurch kommt es zur „Parentifizierung", das heißt, dass die typischerweise tendenziell ängstlichen, sensiblen, harmoniebedürftigen und pflichtbewussten Kinder zu den "Eltern" des Opfer-Typus werden, ohne es überhaupt zu bemerken, und so ihre Kindheit verlieren. Das Elternteil verhält sich dann wie das Kind und das Kind gerät mehr und mehr in die Elternrolle.

In der Folge kann das – ehemalige – Kind Schwierigkeiten mit Nähe und Distanz entwickeln, weil Nähe erneut zu dem destruktiven Gefühl führt, sich stets nur um den anderen kümmern zu sollen, und Distanz führt wieder und wieder zu Schuldgefühlen. Häufig kann es auch zu Verlassensängsten in der Partnerschaft kommen, in der das ehemalige Kind viele unterbewusste Wege findet, ein allzu schmerzhaftes vermeintliches "Verlassen-Werden" zu vermeiden, wie durch unpassende Partner, bei denen eine etwaige Trennung nicht so schmerzen würde, durch mehrere

Partner oder auch durch gar keinen Partner. Vor allem können diese Menschen unter immer wiederkehrenden Schuldgefühlen leiden. Von besonderer Bedeutung ist dann erst einmal, die Schuldgefühle zu akzeptieren, weil man sie sowieso bekommt, und dann einfach das zu tun, was man wirklich will.

Gefühlsabwehrender Typus

Der gefühlsabwehrende Typus wirkt oft distanziert. Er hat Schwierigkeiten, Gefühle, insbesondere Zuwendung zum anderen, in Form von Worten, Gesten oder Handlungen zum Ausdruck zu bringen. Gefühle werden abgewertet oder gering geschätzt. Die Kinder werden äußerlich gut versorgt, gekleidet und ernährt, was ihre innere Einsamkeit oft noch dadurch verstärkt, dass alle Außenstehenden - und häufig auch die Kinder selbst - diesen Elternteil für ein besonders gutes "Exemplar" halten. Es mangelt aber tiefgreifend an Zärtlichkeit, Streicheln, Drücken oder Herzen. Meistens können sich die betroffenen Menschen kaum daran erinnern, überhaupt einmal gedrückt oder geherzt worden zu sein. Es besteht häufig keine echte Anteilnahme am Erfolg oder an Misserfolgen des Kindes, am Einverständnis und auch nicht an Meinungsverschiedenheiten mit dem Kind. Es mangelt am echten Interesse für das Wesen und die Gefühle des Kindes.

Das Fehlen von elterlich – gezeigter – Zuneigung, in Form von Worten oder Verhalten, kann sich zu einem schweren Trauma entwickeln, bei dem es kennzeichnend ist, dass die betroffenen Menschen dies selbst nicht so sehen. Etwas, was einem immer gefehlt hat, scheint man nicht zu vermissen. Auffallend sind jedoch gravierende Gedächtnislücken die Kindheit – bis etwa zum zwölften Lebensjahr – betreffend. Auch können sich die betroffenen Menschen kaum jemals an eine zum Ausdruck gebrachte Zuneigung erinnern und noch heute kaum vorstellen, körperliche Zuneigung mit ihren Eltern auszutauschen.

Bereits sehr lange ist nachgewiesen, dass der Mangel an Gelegenheit, eine tragfähige emotionale Bindung an eine ständige Bezugsperson herzustellen, durch zum Ausdruck gebrachte Zuneigung, zu schweren Schäden bis hin zum Tod führt. Das erste – unglückselige – Experiment, das diesen Nachweis erbrachte, stammt aus dem 13. Jahrhundert. Kaiser Friedrich Wilhelm II. wollte wissen, ob die Sprache „von außen" oder „von innen" kommt. Er ließ Waisenbabys von Ammen betreuen, die kein Wort zu ihnen sprechen durften. Dadurch hielten die Ammen Distanz, bei denen sie auch keine andere Art der Nähe zum Ausdruck brachten. Abgesehen davon wurden alle äußeren Bedürfnisse der Kinder erfüllt. Alle Kinder starben.

Hier handelt es sich also um ein Trauma durch Vernachlässigung, durch Unterlassung, durch Nicht-tun. In der Folge kann es dem – ehemaligen – Kind am intuitiven Gefühl für Gefühle und am Vertrauen in die eigenen Gefühle und in die Gefühle anderer fehlen. Vor allem kann die Tendenz, sich immer mehr anzustrengen entstehen, um letzten Endes doch endlich die Anerkennung anderer zu erhalten. Von besonderer Bedeutung ist es dann, zunächst die gedankliche Vorstellung und später auch ein Gefühl davon zu entwickeln, genug getan zu haben. Dieser Gedanke kann jedoch zu Beginn sogar aversiv empfunden werden.

Mischformen

Natürlich gibt es alle möglichen Mischformen, wie die des "benutzenden Typus", der alle Methoden anwendet, damit das Kind ein inneres Bild erfüllt, das er von dem Kind hat, und damit er Anerkennung und Bewunderung Dritter wegen des Kindes erhält.

Kriegskinder-Kriegsenkel-Problematik

In der aktuellen Gesellschaft zeichnet sich eine umgreifende seelische „Narbe" ab, nämlich die des Zweiten Weltkrieges. Nach dem ersten Weltkrieg war eine ähnliche Entwicklung zu verzeichnen, die allerdings von dem Ausbruch des Zweiten Weltkrieges unterbrochen wurde. Die Menschen, die im Zweiten Weltkrieg Erwachsene waren, ungefähr die 1900er und 1910er Jahrgänge des letzten Jahrhunderts, wurden durchweg traumatisiert – ob sie nun vordergründig Täter oder Opfer waren. Sie waren mit „Überleben" beschäftigt, haben ihre seelischen Verletzungen beiseite gedrängt und sind seelisch „vereist".

Das bedeutet, dass deren Kinder, die „Kriegskinder", vor allem die 1930er und 1940er Jahrgänge, kein Bild vom Seelischen gewonnen haben. Das äußert sich darin, dass sie das Seelische einfach nicht verstehen, das Therapeutische belächeln oder geringschätzen, dass sie gerne einfach so tun, als sei „alles in Ordnung", oder auch, dass sie nicht verstehen, dass Kinder mehr als materielle Versorgung, nämlich genau so auch seelische Versorgung, brauchen.

Kriegskinder sind zudem geprägt durch traumatische Erlebnisse während des Zweiten Weltkriegs wie Hunger, Tod, Entwurzelung durch Bombardements oder Flucht, was ihnen vielfach kaum bewusst ist. Viele Kriegskinder, die sich jetzt im Rentenalter befinden, stellen aber fest, dass unwillkürlich alte Erinnerungen hoch kommen. Traumatische Erlebnisse werden präsent, die doch längst verdrängt schienen. Oder es kommt zu Depressionen, Ängsten oder Suchtproblemen, die ihre Wurzeln in weit zurückliegenden traumatischen Erlebnissen und der emotionalen Vernachlässigung durch ihre Bezugspersonen haben.

Dass es die Seelenheilkunde als Wissenschaft zur Hilfestellung der Menschen in diesen Situationen nicht gab, ist eine Legende. Die Nerven- und Seelenheilkunde gehört mit der Chirurgie zu den ältesten medizinischen Fächern. Die zwei Söhne von Äskulap in der Mythologie waren ein Chirurg und ein Psychiater. Zahlreiche der ersten Krankenhäuser waren Nervenheilkliniken bevor sie auch allgemeinmedizinische Krankenhäuser wurden. Die Psychotherapie entwickelte sich natürlich erst während der vorletzten Jahrhundertwende, wurde aber durchaus regelmäßig angewandt – bis auf die Zeiten, in denen die Kriegskinder des Ersten und Zweiten Weltkriegs junge Erwachsene waren, die Therapie gebraucht hätten, es aber nicht verstanden haben.

Früher war auch der Umgang mit Kindern nicht „ganz anders". Sicherlich gab es historisch bedingte Unterschiede. Es lässt sich aber von der Antike an über das Mittelalter nachweisen, dass ungefähr zwanzig Prozent der Kinder – durchgehend – unter problematischen Bezugspersonen gelitten und daher ein instabiles Selbstbild aufgebaut haben.

Da aber eine ganze Kriegskinder-Generation sich nicht mit ihrer seelischen Problematik beschäftigt hat, wurde diese in einer Generation kaum bearbeitet und an die nächste Generation weitergegeben. Dies hat dazu geführt, dass es heute bei den „Kriegsenkeln", etwa den 1960er und 1970er Jahrgängen, ein derart hohes Therapiebedürfnis, nämlich ungefähr vierzig Prozent, gibt, weil diese die Probleme der Generation vorher mit bearbeiten müssen.

Die Kriegsenkel fühlen sich häufig von ihren Bezugspersonen nicht wahrgenommen, haben oft den Eindruck, die eigenen Eltern würden sie eigentlich gar nicht kennen. Sie beschreiben die Atmosphäre in ihrem Elternhaus häufig distanziert, gefühlsarm, misstrauisch, kontrollierend und nur an Materiellem orientiert. Sie vermissten Wärme, Geborgenheit, einen lebendigen, zwischenmenschlichen Austausch und ein Gefühl von Lebensfreude. Die traumatischen Erfahrungen der Kriegskinder wurden quasi an die nächste Generation, die Kriegsenkel in Form von fehlendem Vertrauen in das eigene Leben, von fehlendem Einfühlungsvermögen und von Ängstlichkeit weitergegeben.

Hierbei soll es sich um keine Schuldzuweisung handeln, da die Frage nach „Schuld" in diesem Fachbereich und im Leben überhaupt nicht zu entscheiden ist. Es wurde nachgewiesen, dass die Überlebenden der Konzentrationslager in großer Häufigkeit auch ihre Problematik an die Generation ihrer Kinder weitergegeben haben. Dadurch entsteht das so genannte „Memory Candle Syndrom". Wer will da wem die Schuld geben?

Iokaste-Ödipus-Komplex

In den letzten Jahren wurde der von Freud postulierte Ödipus-Komplex durch den Iokaste-Komplex ergänzt. Das heißt, die weibliche Seite wurde dabei auch betrachtet, und die Schwierigkeiten, die deren unterbewusste Manipulation auslöst. Wenn also eine Frau in unserer Gesellschaft mit einem meistens abwesenden Mann ein Mädchen bekommt, wird sich durch den grundsätzlich fehlenden männlichen Anteil eine Konkurrenz zwischen Mutter und Mädchen entwickeln. Dem Mädchen fehlt es dauerhaft an dem väterlichen, also männlichen, Anteil der Zuneigung, weswegen im Mädchen eine ständige Sehnsucht nach Nähe und Kommunikation mit einem Mann angelegt wird. Bei der erwachsenen Frau äußert sich dies in dem Wunsch, dass der Mann mehr Zeit mit ihr verbringe, mehr mit ihr spreche oder sich mehr kümmere. Für Frauen ist also die notwendige Lernerfahrung, sich selbst genug zu sein.

Bekommt dann aber eine Frau, die als Mädchen den mangelnden väterlichen, also männlichen, Anteil erlebt hat, einen Sohn, wird sie diesen mit Nähe, Zuneigung und Kommunikation überfrachten. Endlich hat sie den fehlenden männlichen Anteil gefunden – in ihrer Wiege.

Und der Sohn wird – nachdem er sich im ödipalen Krieg, der zum härtesten aller Kriege werden kann, von seiner Mutter distanziert hat – für sein Leben lang genug Kommunikation und Nähe von einer Frau erlebt haben und bleibt ewig auf Abstand zu Frauen, so dass er wiederum zum typisch „abwesenden Mann" heranwachsen wird. Obwohl die Mädchen durch die Konkurrenzsituation mit der Mutter und den fehlenden Vater auch Schwierigkeiten im Leben entwickeln können, sind in dieser Situation die Jungen benachteiligt. Sie erleben durch die Mutter eine „Gefühlsdiktatur". Ihre Kompetenzen werden nicht beachtet und sie bekommen immer wieder gesagt, wie sie fühlen und sprechen sollen.

Beispiel: Eine Mutter sagt zu ihrem schreienden Sohn, einem Kleinkind: *„Was hast du? Du bist doch ganz zufrieden."*

Dabei entsteht ein Muster, was die betroffenen Menschen in Beziehungen später immer wieder und wieder erleben.

Darüber hinaus werden diese Jungen selbst in Familien, die sich von einer geschlechtsspezifischen Erziehung eindeutig distanzieren, wesentlich früher in die Welt „geschubst" als Mädchen. Aber auch sie haben Sehnsucht nach Geborgenheit und einem Nest, was ihnen viel früher verloren geht. Dies legt im Jungen die Ambivalenz der Frau gegenüber an. Einerseits sehnt er sich nach der weiblichen Nähe, andererseits empfindet er tiefe Furcht, kommt er einer Frau nahe, wieder derart vereinnahmt zu werden, wie er es schon von seiner Mutter kennt.

Drittens haben Jungen durch den „abwesenden Mann" ein Identifikationsproblem. Jeder Mensch hat männliche und weibliche Anteile. Das Mädchen kann sich an der Mutter – gerne oder auch nicht – abschauen, wie eine Frau „sein soll". Sie kann ihre weiblichen Anteile damit identifizieren und ihre männlichen Anteile auch noch einigermaßen an dem vielleicht doch hin und wieder anwesenden Vater erkennen. Die Jungen jedoch erleben, wenn vor allem die Mutter Zuhause ist, eine Bezugsperson, von der sie nur lernen, so nicht sein zu sollen oder zu wollen. Dies nennt man „Umkehridentifikation". Sie lernen also nicht, wie ein Mann ist, sondern lernen quasi, dass ein Mann eine „Nicht-Frau" ist. Das ist für das Seelische keine greifbare Aussage.

Suchen Männer therapeutische Hilfe, stehen ihnen auch tendenziell mehr Schwierigkeiten im Weg. Erstens gibt es wesentlich mehr weibliche Therapeuten, die sie immer wieder an die frühere „Gefühlsdiktatur" erinnern werden, und zweitens sind all die Kompetenzen, auf die sie sich verlassen und auf die sie stolz sind, wie Unabhängigkeit, Kontrolle, Macht und Abgeklärtheit, die Punkte, die man in einer Therapie erst einmal links liegen lassen muss. Man wird Kontrolle abgeben müssen, Gefühle zulassen, sich ohnmächtig und abhängig von dieser praktisch fremden Person fühlen.

„Das therapeutische Setting als solches ist für Männer äußerst schwierig. Zugespitzt formuliert kann mensch behaupten, dass die Therapiesituation von dem Mann nicht weniger verlangt, als dass er all das, was er in seinem bisherigen Leben gelernt hat, seine Werte und Normen, seinen Kommunikationsstil, über Bord werfen soll, um dann in diesem Zustand der Orientierungslosigkeit sein Innerstes nach außen zu kehren. Das Einlassen auf eine Psychotherapie ist für viele Männer also in etwa so attraktiv wie die Vorstellung, sich als outdoor-unerprobter Mitteleuropäer im brasilianischen Dschungel aussetzen zu lassen, ohne Landkarte, Kompass, Proviant und moskitosichere Kleidung, mit keinerlei Unterstützung außer einem völlig fremden anderen Mitteleuropäer, der einem freundlich sagt: „Gehen Sie einfach los – ich werde Ihnen helfen, Ihren eigenen Weg zu finden!"
Wolfgang Neumann und Björn Süfke (2004)

Wichtig ist, dass Männer wissen, dass Therapeuten sich dieser Problematik bewusst sind, auf sie eingehen werden und ihnen den Raum lassen, den sie brauchen.

Systematische seelische Gewalt

Seelische Gewalt gibt es genau wie körperliche Gewalt in jeder denkbaren Art. Und man spürt sie wie körperliche Gewalt daran, dass sie weh tut. Jede verbale oder nonverbale Äußerung eines anderen, die Schmerz oder Angst verursacht, die einen sich klein, unwichtig, unbedeutend oder störend fühlen lässt, ist ein seelischer Angriff. Genau wie bei körperlicher Gewalt reagiert jeder anders darauf. Es gibt selbstverständlich Angriffe über die man hinwegsehen oder die man „wegstecken" kann.

Gewalt definiert sich dadurch, dass Handlungen, Vorgänge oder Szenarien so beeinflussend, verändernd oder schädigend auf einen Menschen, Tier oder Gegenstand einwirken, dass sie ihren wesentlichen Kern betreffen. Ein Wesen von Gewalt ist auch, dass man sich während des aktiven Einwirkens nicht gegen sie schützen oder sich nicht wehren kann.

Wichtig ist, dass sich das Konzept über seelische Gewalt in den Köpfen der Menschen entwickelt. Es ist erschreckend, wie heutzutage in einer Gesellschaft, die erfreulicherweise körperliche Gewalt geächtet hat, die Menschen mit seelischer Gewalt hantieren, ohne überhaupt darüber nachzudenken. Ein Elternteil, das sein Kind vor anderen „in der Ecke stehen" lässt, handelt keineswegs gewaltfreier als wenn es das Kind ohrfeigen würde. Eine Demütigung kann weitaus schmerzhafter sein.

Genauso wie es systematische körperliche Gewalt gibt, um über Menschen Macht auszuüben und sie zu beherrschen, so gibt es auch systematische seelische Gewalt zum gleichen Zweck. Und ebenso wie bei der körperlichen Gewalt wird sie mehr oder weniger bewusst ausgeübt. Sicherlich überlegt sich kaum jemand die im Folgenden beschriebene, typische Strategie. Andererseits merkt derjenige, der systematische seelische Gewalt ausübt, sehr wohl, dass es „funktioniert", und dass er auf genau diese Art und Weise andere beherrschen und binden kann.

Wie die körperliche Gewalt wird die systematische seelische Gewalt von Menschen ausgeübt, die das Eigenrecht des anderen nicht sehen können und für die der andere letztlich Objekt ist. Sie haben meistens selbst "Beziehung" nur in Form einer Subjekt-Objekt-Beziehung - wie mit einem Spielzeug - kennengelernt und glauben nun, in Beziehung zu stehen, wenn sie als Subjekt die anderen zum Objekt machen. Während der seelischen Angriffe, „konsumieren" sie sinnbildlich den anderen Menschen. Dies kann oft in der mit ihnen einhergehenden Anstrengung und Erschöpfung des anderen gespürt werden.

Um sich selbst zu stabilisieren, brauchen die Menschen, die systematische seelische Gewalt anwenden, die Verunsicherung des anderen. Die seelischen Angriffe beruhen also auf einem unterbewussten Prozess, aber trotzdem auf versteckten aggressiven Machenschaften. Sie müssen die anderen klein machen und herabsetzen, um sich selbst zu stabilisieren. Ihr Selbstwertgefühl und ihr Bild von sich selbst benötigen diese Festigung. Durch scheinbar harmlose Worte, Anspielungen, Einflüsterungen, Nichtausgesprochenes und Auslassungen verunsichern sie andere so, dass diese sich körperlich angegriffen fühlen – gemessen an biologischen Stressparametern. Sie selbst halten sich dabei gerne heraus und außen vor, ersparen sich damit den inneren Konflikt und die Gemütsbewegung.

Sie tun beispielsweise gerne so, als handelten sie „moralisch überlegen", teilen einem „nur" mit, was „andere" über einen sagen, was „besser" für einen wäre, wollen einen nur „beschützen", nur "das Beste für einen tun". Was der andere aber spürt, im

Gegensatz zu Situationen, in denen jemand wirklich etwas Gutes für einen tut, ist, dass er sich keineswegs besser, sondern schlechter und angegriffen fühlt.

Das Schlimmste für die Menschen, die systematische seelische Gewalt ausüben, ist es, die Verantwortung für dieses zwischenmenschliche Problem zu übernehmen – nicht unähnlich zu Menschen, die systematische körperliche Gewalt ausüben. Wenn in einer zwischenmenschlichen Beziehung ein Problem auftritt, können sie keinerlei "Selbstbeteiligung" daran dulden. Es ist ihnen unmöglich. Sie richten es so ein, dass der andere immer „Schuld" hat und der Sündenbock ist, damit es ihnen erspart bleibt, sich selbst in Frage zu stellen. Reagiert das Gegenüber wütend, wird es als „aggressiv", „unbeherrscht" oder „böse" bezeichnet. Zieht der andere sich zurück, nennen sie ihn „blockiert", „depressiv", „seelisch labil", „überempfindlich" oder „nicht belastbar".

Warum lässt der andere das überhaupt mit sich machen? Warum lässt er sich darauf ein? Sind es Kinder von einem systematisch seelisch gewalttätigen Elternteil haben sie selbstverständlich gar keine Wahl. Sie suchen ohnehin immer nach Erklärungen und Rechtfertigungen, die es in diesem Fall einfach nicht gibt. Allerdings tritt diese Art systematischer seelischer Gewalt auch später in Partnerschaften, Arbeitsverhältnissen oder Freundschaften auf.

Phase Eins: Verführen und verwickeln

Diese Menschen treten mit dem anderen in Verbindung, um zu verführen und zu verwickeln. Sie wollen sich demjenigen nähern und brauchen dafür zuallererst sein Zutrauen und seine Sympathie. Ihr „Türöffner" ist, das sie stets nett und charmant, oft bezaubernd auftreten. Dabei haben sie ein ausgeprägtes Gespür für den anderen wichtigen Themen und Punkte und reden zu Beginn diesem häufig „nach dem Mund". Haben sie den anderen an der Angel, lassen sie ihn zappeln, solange sie ihn brauchen. Sie interessieren sich nicht für die komplizierten Gemütsbewegungen des anderen. In den nächsten Schritten bringen sie ihr Gegenüber in die „Reaktion", so dass Kopf und Bauchgefühl blockiert bleiben, und der andere beginnt, sich nur noch auf ihre unangemessenen Aktionen einzustellen. In der ersten Phase kann dem anderen noch gar nichts auffallen, außer vielleicht, dass jemand „zu nett" oder „zu geschmeidig" ist.

Phase Zwei: Manipulation

Diese Menschen verfügen über eine ausgeprägte Manipulationsfähigkeit. Sie lenken von der Wirklichkeit ab, überrumpeln und beeinflussen unter der Hand. Sie greifen anfangs niemals frontal an, sondern nur indirekt. Sie wollen ja, dass ihnen das ausgesprochen gute Selbstbild zurückgespiegelt wird. Wie machen sie das? Sie nutzen die Beschützerinstinkte des anderen aus. Die Manipulation erfolgt hauptsächlich, mehr oder weniger aktiv, mehr oder weniger bewusst dadurch, dass der andere ihnen helfen oder sie beschützen will. Man spürt in der Gegenwart dieser Menschen das Problem mit sich selbst, das sicherlich wirklich hinter diesem Verhalten steht, heraus. Man will sie beschützen, wird aber durch das Gegenüber subtil manipuliert. Oftmals wird auch ein Leiden deutlich präsentiert- „ich will eigentlich gar nicht darüber sprechen, aber..." - und man will trösten und helfen. Dies wird jedoch niemals gelingen, weil die Menschen, die systematische seelische Gewalt anwenden, gar keine Lösung der Situation suchen, sondern den andern lediglich verwickeln und festhalten wollen. Schließlich sitzt man in der Falle desjenigen, dem man helfen wollte.

Deshalb haben auch Außenstehende, welche die systematisch seelisch gewalttätigen Menschen nicht "spüren", oft kein Verständnis für das Verhalten des betroffenen Menschen und halten ihn bestenfalls für "zu gutmütig", schlimmstenfalls für "zu dumm". Wenn sie dem systematisch seelisch gewalttätigen Menschen jedoch selbst begegnen, finden sie ihn meistens sehr charmant und freundlich. Sie werden nämlich sofort verführt, verwickelt und manipuliert.

Phase Drei: Hohe Gefühle

Im nächsten Schritt werden die Gefühle des anderen „hoch gekickt". Er wird umgarnt, umschmeichelt und immer wieder „gebraucht". Er wird aber auch abrupte Absagen, nicht eingehaltene Absprachen und plötzliche Kommunikationsabbrüche erleben. Damit kommt man mehr und mehr in die Re-Aktion und denkt immer weniger über seine eigenen Belange nach.

Phase Vier: Stress

In der Folge wird man "gestresst". Wie angelegentlich wird man offen herabgewürdigt.

Beispiel: *"Wie siehst du denn heute aus?"* oder *"Was guckst du so?"*

Man wird überwacht und kontrolliert. Man muss sich rechtfertigen.

Beispiel: *"Wo willst du hin?"* oder *"Wo warst du?"*

Man bekommt das Gefühl, man müsste ständig auf der Hut sein. Man nimmt immer mehr hin und traut sich immer weniger zu sagen.

Phase Fünf: Destabilisierung:

Systematisch seelisch gewalttätige Menschen halten fest am anderen, weil sie ihn brauchen, damit sie anfangs gespiegelt und bewundert werden, später um jemanden herabwürdigen und kritisieren zu können, um sich selbst aufzuwerten. Und sie brauchen die ganze Zeit jemanden, den sie beherrschen können, um nicht Gefahr zu laufen, allein zu sein. Der andere wird aber zur Vermeidung seelischer Verwicklungen immer auf Halbdistanz gehalten. Er wird nicht in seinem Wesen wahrgenommen, sondern in seiner Individualität geleugnet. Jede Situation, die dieses System zur Verdeckung ihrer Schwächen, ihrer Ängste und ihrer vermeintliche Leere in Frage stellt, führt zu einer Kettenreaktion seelischer Angriffe.

Systematisch seelisch gewalttätige Menschen spielen sich gerne als maßgeblich auf, als Eichmaß des Guten und des Bösen und der Wahrheit. Sie wirken oft moralisierend und überlegen. Selbst wenn sie nichts sagen, strahlen sie stille Kritik aus. Sie kehren gerne ihre untadeligen Werte hervor, um andere zu täuschen und zu verunsichern. Sie prangern auch gerne die menschliche Boshaftigkeit an. Sie tadeln alle, lassen aber keinen Vorwurf gegen sich gelten. Angesichts dieser Welt der „Macht" befindet sich der andere wieder in einer Welt der „Ohnmacht". Die Schwachstellen anderer aufzuzeigen, ist die fast paranoide Methode, sich gegen die Offenbarung eigener Schwächen zu verteidigen. Während sie alle und jeden kritisieren, versuchen sie ihre „Macht" zu bewahren. Sie leisten sich kaum Wutausbrüche, reagieren meistens kühl und gemein. Häufig tun sie dies auch nicht allzu offenkundig, um ihre Umgebung nicht gegen sich aufzubringen. Es kommt nur immer mal wieder zu einer kleinen unscheinbaren Bosheit, wohldosiert und verunsichernd, aber schwer dingfest zu machen. Dabei sind sie äußerst geschickt. Sie stellen auch gerne die Situation auf den Kopf, wenn sich der andere – immer wieder von seelischen Nadelstichen getroffen – aufregt oder sich wehrt, stellen sie sich schlussendlich das „Opfer" dar, während der andere der „Böse" ist.

Systematisch seelisch gewalttätige Menschen zwingen ihre Herrschaft auf, um den anderen festzuhalten, während sie gleichzeitig fürchten, dass er ihnen zu nahe kommen könnte. Es geht darum, den anderen in einem Abhängigkeitsverhältnis zu halten. Sie tun, als stünde ihnen alles Mögliche zu, als würde ihnen alles Mögliche geschuldet. Der andere ist mittlerweile gefangen in Zweifel und Schuldgefühlen und kann kaum Widerstand leisten. Die unausgesprochene Botschaft, die den anderen beherrscht lautet: „Du würdest mich vielleicht wirklich interessieren, wenn du dich nur noch ein bisschen mehr anstrengst."

Wenn jemand einem vermittelt, es würde alles - fast - gut sein oder - fast - helfen, es würde nur noch ein bisschen fehlen, ist es normalpsychologisch, noch ein bisschen mehr zu geben. Diese Botschaft ist verdeckt genug, damit der andere nicht fortgeht, und sie ist deutlich genug, damit sich der andere immer noch ein bisschen mehr anstrengt. Der andere bleibt da, um immer wieder in seinen Hoffnungen, dass es jetzt genug sei, enttäuscht zu werden.

Der Gang der Einflussnahme wird auch hier wieder auf die Sensibilität und Verletzlichkeit des anderen abgestimmt - jeder nach seinem speziellen "wunden Punkt".

Bei dieser Strategie wird der andere auch nicht sofort unterworfen, sondern nach und nach beherrscht und zur Verfügung gehalten. Solange der andere sich nicht wehrt und dem systematisch seelisch gewalttätigen Menschen „gut" tut, ist alles harmlos. Wenn der andere aber anfängt, aus der Objektrolle herauszutreten und wieder auf sich selbst zu achten, sich zu wehren, verhält sich der systematisch seelisch gewalttätige Mensch fortschreitend zerstörerischer. Der andere ist für ihn nur Objekt, das an seinem Platz für Objekte zu bleiben hat. Am Anfang nimmt auch normalpsychologisch jeder Mensch die Nadelstiche" und das „Klein-Machen" hin, weil jeder glaubt, dies gehöre zu den "normalen" Konflikten einer wie auch immer gearteten Beziehung. Die Schraube wird aber kontinuierlich immer enger gezogen.

Dem betroffenen Menschen geht es wie dem Frosch, der, würde man ihn in heißes Wasser werfen, sofort hinaus springen würde. Setzt man den Frosch allerdings in kaltes Wasser und erhöht langsam die Temperatur, bleibt er drin sitzen bis er gekocht ist. Hat man die ersten Nadelstiche „ertragen", sitzt man bereits in der Falle. Auch dies führt normalpsychologisch dazu, dass der andere immer mehr versucht, auszugleichen und wiedergutzumachen. Ein aussichtsloses Unterfangen, denn die systematisch seelisch gewalttätigen Menschen wollen ja nicht zufrieden gestellt werden, sondern sie wollen ihre Macht über den anderen aufrechterhalten.

Phase Sechs: Verweigerung jeder echten Kommunikation

Systematisch seelisch gewalttätige Menschen sagen nichts, was einem erlauben könnte, etwas zu verstehen oder zu erklären, nur Sätze wie: „Du verstehst mich ja doch nicht" oder "Mit dir kann man ja nicht reden". Kein Problem wird benannt. Der andere wird häufig auch gekränkt dadurch, dass bestimmte Dinge nicht getan werden, nicht gegrüßt, nicht Gute Nacht gesagt, nicht geantwortet oder nicht nachgefragt. Oder es wird in der Gegenwart des anderen gesprochen als sei er gar nicht anwesend.

Die fehlende Kommunikation lähmt den anderen schließlich so, dass er sich gar nicht mehr verteidigen kann. Außerdem bringen sie damit ein weiteres Mal zum Ausdruck, dass er sie nicht wirklich interessiert.

Der betroffene Mensch fragt sich, was er eigentlich getan hat, was ihm vorgeworfen wird. Dies wird niemals wirklich deutlich werden. Selbst wenn verhältnismäßig konkrete Vorwürfe gemacht werden, erkennt man seelische Angriffe daran, dass sie nebulös bleiben. Es gibt kein wann, was, wo, sondern nur Phrasen wie „Du bist immer so schwierig" oder "Sie müssen sich mal mehr Mühe geben".

Der andere wird häufig stärker nonverbal als verbal diskreditiert. Ungeduldige Seufzer, Achselzucken, missbilligende Blicke lassen nach und nach Zweifel am Selbstbild des betroffenen Menschen entstehen, der langsam mehr und mehr alles in Frage stellt, was er selbst sagt und tut. So lange diese Angriffe indirekt sind, kann er sich nicht verteidigen. Er selbst zweifelt dann allzu oft an seinen eigenen Wahrnehmungen.

Systematisch seelisch gewalttätige Menschen bedienen sich auch der Illusion von Kommunikation, die sie nicht verwenden, um zu verbinden und zu klären, sondern um fernzuhalten und den Austausch zu verhindern. Sie manipulieren und verwirren den anderen mit Worten.

Noch einmal: Auch wenn es nonverbal ist, versteckt oder unterdrückt bleibt, im Unausgesprochenen, in Anspielungen oder in Auslassungen, der seelische Angriff wird spürbar, weil er Verletzung, Schmerz oder Verunsicherung bewirkt.

Die seelischen Angriffe äußern sich auch gerne am Telefon, was sich auch darin zeigt, dass die betroffenen Menschen häufig sehr ungern mit den systematisch seelisch gewalttätigen Menschen telefonieren. Ohne

Augenzeugen können sie dort ihre Lieblingswaffe einsetzen, das Wort, das verletzt und krank macht ohne von Dritten verfolgbare Spuren zu hinterlassen.

Auch werden Briefe, Emails, SMS, die aggressiv sind durch Nichtausgesprochenes, Andeutungen oder in denen „sie nur mal ihre Gefühle ausdrücken" angewandt, um den anderen subtil zu destabilisieren und „klein zu machen". Hier erkennt man die systematische seelische Gewalt daran, dass die Inhalte sich nie sachlich mit etwas auseinander setzen, sondern sich stets auf eine persönliche, schwer fassbare und stets eher dramatische Art mit dem anderen auseinandersetzen, in dem sie sein „So-sein" kritisieren, was natürlich äußerst schmerzhaft ist, anstatt sich mit Verhalten oder Fakten auseinanderzusetzen.

Wichtig ist, dieses schädliche Verhalten zu verstehen. Systematisch seelisch gewalttätige Menschen setzen auf ihren Charme und gebrauchen ihre Manipulationsfähigkeit, um sich auf Kosten anderer besser zu fühlen. Jeder von uns mag ab und zu mal so handeln.

Genauso wie körperliche Gewalt in jedem Menschen angelegt ist, kann sich auch niemand von seelischer Gewalt freisprechen. Systematisch seelisch gewalttätige Menschen erkennt man daran, dass es ihnen letzten Endes unmöglich ist, sich selbst in Frage zu stellen. Im alltäglichen Leben ist es normal, dass Konflikte auftreten. Der Unterschied zu einem systematisch seelisch gewalttätigen Menschen liegt in der steten Wiederholung von seelischen Angriffen, bei denen insbesondere die Schraube dessen, was der andere sich bieten zu lassen hat, immer enger gezogen wird bis sich der andere zunehmend angegriffen und krank fühlt.

Das Schwierige an der Beschreibung ist, dass jedes Wort, jede Betonung und jede Anspielung von Bedeutung ist. Alle Einzelheiten erscheinen – für sich genommen – harmlos, doch entweder in ihrer Häufigkeit und Summe oder in ihrer einzelnen Schwere sind sie deutlich von anderen Konflikten zu unterscheiden.

Der andere fühlt sich im wahrsten Sinne des Wortes „angegriffen", "verletzt" und „nieder geschlagen". Darüber hinaus neigen systematisch seelisch gewalttätige Menschen meistens dazu, ihre Angriffe bei mehreren Menschen in aufeinanderfolgenden zwischenmenschlichen Beziehungen zu wiederholen, während sie gleichzeitig bei vielen anderen als charmante und sozial angepasste Individuen gelten.

Für die betroffenen Menschen ist es wichtig, nicht auf das Missverständnis hereinzufallen, sie „ließen es ja auch schließlich mit sich machen". Dies mag in „normalen" Beziehungen der Fall sein, aber im Falle seelischer Gewalt, ist der betroffene Mensch erst einmal ein Opfer, dessen seelische Integrität verletzt und geschädigt wird, genau wie im Falle körperlicher Gewalt. Eine Ohrfeige nimmt einem auch niemand wieder ab und sie schmerzt – genauso ist es bei seelischen Angriffen. Vielleicht ist sogar die Ohrfeige ein bisschen „netter", denn man weiß, dass der andere sich falsch verhält und man erholt sich schneller davon.

Jeder Mensch kann die systematische seelische Gewalt anwenden. Nimmt man einen Angestellten, kann man erst unglaublich nett und zuvorkommend zu ihm sein (Verführen + verwickeln), dann erzählt man ihm, schwer man es hat (Manipulation mittels Mitleid), dann lobt man ihn über den grünen Klee, räumt ihm Sonderrechte ein (Gefühle hochkicken), lässt ihn aber im nächsten Schritt schon mal auf Abruf von zu Hause kommen, „weil man ihn so braucht", kann ihn dann auch wieder nach Hause fahren lassen (abrupte Absagen). In der Folge fängt man an ihn zu stressen: „Wie sehen Sie denn heute aus? So können Sie aber nicht kommen." Dann beginnt die Destabilisierung. Man fängt an ihn zu kritisieren, möglichst ungenau und mit abwertender Mimik und Gestik: „Das ist falsch, das sollten Sie aber wissen." Und wenn er versucht, etwas zu klären, beispielsweise was denn nun falsch sei, verweigert man jede Art der Kommunikation: „Das müssen Sie schon selbst wissen." Und wenn der andere einen dann zum Gespräch bittet, lässt man ihn abtropfen: „Wieso? Alles in Ordnung…" und wirft ihm dabei ein paar destabilisierende, abwertende Blicke zu oder liest währenddessen eine Akte, was ihm seine Nichtigkeit deutlich macht. Das kann jeder, aber man tut es nicht, weil es sich nicht gehört, und es noch viel bösartiger ist, als ein körperlicher Angriff es in den meisten Fällen wäre.

Selbst wenn man anrechnet, dass bestimmte Menschen sich eher an systematisch seelisch gewalttätigen Menschen „festbeißen", ist es unerlässlich, sich immer im Bewusstsein zu halten, dass sie nicht verantwortlich sind für seelische Angriffe, die ihnen zugefügt werden.

Welche Menschen sind gefährdet? Wenn man zurück geht zu dem Beispiel mit dem Angestellten, kann man sich fragen, was er tun könnte, um sich zu schützen. Erstens er könnte möglichst früh kündigen – einfach flüchten. Das heißt, Menschen, die nicht zur Flucht, sondern zum Aushalten neigen, sind gefährdeter. Was könnte er noch tun? Er könnte die seelischen Angriffe mit ebenso fehlender Kommunikation abprallen lassen: „Ja, ja, ja..." und einfach seinen Weg weitergehen. Diese Methode ist wesentlich riskanter, weil die meisten systematisch seelisch gewalttätigen Menschen die Gewaltspirale in den meisten Fällen bis ins Existenzielle zu drehen bereit sind. Aber es kann funktionieren. Das bedeutet auch, dass Menschen, die dazu neigen, mit anderen in Kommunikation und in Austausch treten zu wollen gefährdeter sind.

Den Angriffen ist häufig - sogar in der Psychotherapie - das Moment der Unbeschreibbarkeit gemeinsam. Die betroffenen Menschen, obwohl sie ihre Verletzung eingestehen, trauen sich oft nicht, sich wirklich vorzustellen, dass ihnen ein seelischer Angriff zugefügt wurde. Es bleibt der Zweifel, ob nicht doch sie selbst es sind, deren Wahrnehmung verzerrt ist. Wenn sie es wagen, sich zu beschweren über das, was geschieht, haben sie das Gefühl, es nur unvollkommen beschreiben zu können und deshalb nicht verstanden zu werden. Es fällt bei den betroffenen Menschen auch auf, dass sie stets glauben, ganz alleine mit diesem Phänomen zu sein, das jedoch im psychotherapeutischen Alltag häufig ist.

Die meisten betroffenen Menschen können es gar nicht fassen, dass man so gegen sie vorgeht – ohne einsichtigen Grund. Im Gegensatz zu dem, was die systematisch seelisch gewalttätigen Menschen alle Außenstehenden glauben machen wollen, sind die betroffenen Menschen anfangs keineswegs schwache Persönlichkeiten. Im Gegenteil tritt das seelische Quälen gerade dann auf, wenn der betroffene Mensch zum Aushalten und zur Kommunikation neigt und sich schließlich irgendwann der Herrschsucht entgegenstellt und sich weigert, sich unterjochen zu lassen. Es ist gerade die Fähigkeit, dem Druck zum Trotz, der Dominanz Widerstand zu leisten, die ihn dazu bestimmt, zur Zielscheibe zu werden. Und typischerweise sind gerade die betroffenen Menschen ausgerechnet „immer zur Stelle", weil sie zum Aushalten neigen, und somit – leider – auch immer zu treffen sind. Später rechnet man dem betroffenen Menschen an, was die seelischen Angriffe aus ihm gemacht haben: „aggressiv", „hysterisch", "depressiv", „kränklich", „weinerlich", „übersensibel".

Parallel dazu findet häufig ein Prozess der Isolation statt. Die Verteidigungshaltung, in die der betroffene Mensch gerät, treibt ihn häufig zu Verhaltensweisen, die seine Umwelt reizen.

Der betroffene Mensch gilt als nörglerisch, ständig jammernd oder von fixen Ideen besessen, einer der immer jammert und doch nichts ändert. Das Umfeld kommt auf die Idee, solche Aggressionen könnten doch „nicht ohne Grund" ausgelöst werden oder meinen der betroffene Mensch sei „seelisch labil". Selbst der betroffene Mensch selbst meint lange, es handele sich um Missverständnisse innerhalb einer affektgeladenen Situation, anstatt um ein strukturell stilles und subtiles, aber aggressives und gewalttätiges Verhalten. In jedem Fall verliert er nicht nur seine Ursprünglichkeit, sondern auch zunehmend seine soziale Unterstützung.

Sehr häufig stellt man bei Erwachsenen, die als Kind Opfer eines systematisch seelisch gewalttätigen Elternteils gewesen sind, Beschwerden und Muster im Fühlen, Denken und Verhalten wie bei einer komplexen Traumatisierung fest, was nur den Schluss zulässt, dass die systematische seelische Gewalt genauso zu einer schwerwiegenden Traumatisierung führt wie die systematische körperliche Gewalt. Die Kinder beklagen sich nicht über schlechte Behandlung, sondern sind unentwegt auf der Suche nach – der unmöglichen – Anerkennung durch den systematisch seelisch gewalttätigen Elternteil. Sie verinnerlichen das negative Bild von sich selbst und nehmen an, alles hätte seine Richtigkeit.

Der Weg aus dem Kreislauf heraus führt über das Erkennen, von jemand anderem tatsächlich geschädigt und angegriffen zu werden. Danach ist das Ziel – unter Begleitung – das Selbstwertgefühl zu verbessern und die Zweifel über die eigene Person zu korrigieren. Der nächste Schritt liegt darin, innerlich zu widerstehen, innerlich stabil zu bleiben und nicht mehr auf die Angriffe zu reagieren. Im nächsten Schritt wird der systematisch seelisch gewalttätige Mensch in die Re-Aktion geführt, weil er unter der inneren Neutralität des Betroffenen entweder selbst spürt, dass er die Stabilisierung durch die Destabilisierung anderer braucht, oder sich massiv gegen den "Entzug" der Macht über den anderen wehren wird.

In jedem Fall wird der betroffene Mensch durch die Reaktion des systematisch seelisch gewalttätigen in seiner Erkenntnis bestärkt. Dadurch wird mit der Zeit der Kreislauf umgedreht in Erkenntnis, Aufbau von Selbstwertgefühl, innerer Widerstand und aktives Handeln.

Biochemie

Der aktuelle Stand der Wissenschaft ist die Sicht, dass die Funktionen des zentralen Nervensystems und auch die obersten und kompliziertesten – also seelischen – Funktionen genauso mit höheren Werten, lebensgeschichtlicher Prägung und psychologischen Wechselwirkungen zu tun haben wie auch mit biologischen Veränderungen. Man weiß, dass auf der einen Seite toxischer Stress und auf der anderen Seite auch eine psychotherapeutische Behandlung zu Veränderungen der Funktionen verschiedener Botenstoffsysteme führen, woraus man schließen kann, dass es an dieser Stelle kein „Entweder-oder" einer „psychologischen" und einer „biologischen Ideologie" gibt, sondern man sich sicher sein kann, dass es sich um äußerst komplizierte und feinabgestimmte Wechselwirkungen auch hier von psychologischen *und* biologischen, also letztlich auch von seelischen, geistigen *und* körperlichen Funktionen handelt.

Dominierend im zentralen Nervensystem sind bestimmte „Neurotransmitter", das sind Botenstoffe, die zwischen den Zellen Informationen übertragen. Darüber hinaus ist stets die Lokalisation im Gehirn von Bedeutung, in welchen Zentren, Knoten und Bahnen die Botenstoffe an welchen Empfangsstellen zur Wirkung kommen.

Acetylcholin-System

Die Funktionen des Acetylcholin-Systems sind die Speicherung von Gedächtnisinhalten, die Beteiligung am Schlaf-Wach-Rhythmus, an der Steuerung von Bewegungen, Gefühlen und Gedanken. Eine Bedeutung bei Erkrankungen hat dieses System vor allem bei der Demenz.

Dopamin-System

Neben verschiedenen Unterfunktionen kann das Dopamin-System funktionell allgemein als eines der wichtigsten Belohnungssysteme des Gehirns angesehen werden. Es ist beteiligt an Gefühlen, intellektuellen Leistungen und den Bewegungen des Menschen. Viele Neuroleptika - die gegen Psychosen gegeben werden - wirken hemmend auf das Dopamin-System, was insbesondere mit den Nebenwirkungen gestörter Bewegungen einhergeht. Viele Antidepressiva beeinflussen ebenfalls, tendenziell eher stimulierend, das Dopamin-System. Auch Drogen stimulieren das Dopamin-System, allerdings direkt, unmittelbar und vor allem stärker als jedes angenehme Ereignis es könnte. Das heißt, Drogen übernehmen die Herrschaft über das Dopamin und der betroffene Mensch kann ohne Droge kein angenehmes Gefühl des Belohnungssystems mehr entwickeln.

Bei einer Depression führt vor allem der Mangel an Dopamin zu Freudlosigkeit und Interesselosigkeit an den Sachen, die einem früher Spaß gemacht haben.

GABA-System

= Gamma-Aminobuttersäure-System. Das GABA-System ist das wichtigste hemmende Botenstoffsystem - entgegengesetzt zum Glutamat-System. Durch GABA-Botenstoffe werden andere Nervensysteme in ihrer Aktivität gehemmt. Medizinisch hat das GABA-System vor allem Bedeutung durch die aktivierende Wirkung von Benzodiazepinen am GABA-System, welche deshalb die stärksten angstlösenden und beruhigenden Substanzen sind.

Glutamat-System

Das Glutamat-System ist das wichtigste aktivierende Botenstoffsystem des Gehirns und wirkt entgegengesetzt zum GABA-System. Es moduliert über seine aktivierende Wirkung fast alle Botenstoffsysteme. Das Glutamat ist auch von wesentlicher Bedeutung bei intellektuellen Prozessen und bei der Gedächtnisfunktion.

Noradrenalin-System

Einerseits wirkt das Noradrenalin-System vor allem durch seine weite Verbreitung modulierend und regulierend auf das gesamte Zentralnervensystem, andererseits beteiligt es sich an der Produktion von Gefühlen. Darüber hinaus beteiligt es sich am

Belohnungs-System. Seine hauptsächliche Funktion kann man im Erzeugen von Antrieb und Wachheit, also Schwung, sehen. Beispielsweise bei einer Depression führt vor allem der Mangel an Noradrenalin zum Fehlen von Antrieb und Schwung, dazu, dass es einem morgens schwer fällt aufzustehen, Dinge anzupacken oder Eigeninitiative zu entwickeln.

Serotonin-System

Serotonin hat eine allgemein ausgleichende Funktion auf Körper und Seele. Es wird häufig als „Glückshormon" dargestellt, dabei ist es leider umgekehrt. Serotonin ist für die seelische Stabilität zuständig, so dass der Mensch mit zu wenig Serotonin unglücklich und/oder ängstlich wird. Fehlt Serotonin – beispielsweise bei einer Depression – ist man weniger belastbar, jedes Problem steht wie ein Riesenberg vor einem, man sieht alles grau in grau oder schwarz in schwarz und fühlt sich insgesamt pessimistisch. Auch Ängste entstehen durch einen Mangel von Serotonin.

Genetik

Fast alle seelischen Erkrankungen – außer denen aufgrund körperlicher Erkrankungen und den Trauma-Folge-Erkrankungen – treten familiär gehäuft auf. Hinweise auf einen hohen Anteil erblich bedingter, biologischer Störung sind, dass der betroffene Mensch auch nach reiflicher Überprüfung keinen lebensgeschichtlich bedingten Auslöser weiß, und dass es sich anfühlt, als habe sich ein Schalter umgelegt. Manche Menschen können sogar auf das Datum genau den Beginn der Erkrankung angeben. Danach sei man einfach nicht mehr man selbst.

Bei Demenzerkrankungen allgemein zeigt sich bei fünf bis zehn Prozent der Verwandten ersten Grades eine Häufung von Demenzerkrankungen. Es gibt genetisch bedingte Demenzerkrankungen, welche aber sehr selten sind.

Bei Suchterkrankungen – insbesondere der Alkoholabhängigkeit – ist der genetische Faktor weitgehend gesichert. Die Verwandten ersten Grades eines alkoholabhängigen Menschen haben ein drei- bis viermal höheres Risiko auch an einer Alkoholabhängigkeit zu erkranken.

Auch bei der Schizophrenie ist ein hoher genetischer Anteil bekannt. Verwandte ersten Grades eines an Schizophrenie erkrankten Menschen haben ein zehn bis zwanzig Prozent erhöhtes Risiko, auch zu erkranken. In den Familien schizoaffektiv erkrankter Menschen finden sich vermehrt Erkrankungen an Schizophrenie, Depression oder bipolaren Störungen.

Dass manische Episoden bei einem Menschen auftreten, hat auch zu einem hohen Anteil mit Erblichkeit zu tun. Für die bipolaren Erkrankungen ist ein genetischer Anteil ebenfalls gut belegt. Etwa 80 Prozent der Erkrankungen wird einer erblich bedingten Stoffwechselstörung des Gehirns zugewiesen. Das Risiko für Verwandte ersten Grades eines bipolar erkrankten Menschen, auch zu erkranken, ist um das Fünf- bis Zehnfache höher als bei anderen Menschen.

Auch depressive Erkrankungen treten familiär gehäuft auf. Verwandte ersten Grades von Menschen mit einer wiederkehrenden depressiven Erkrankung haben ein doppelt so hohes Risiko an einer Depression zu erkranken, wie andere. Auch die Dysthymia tritt familiär gehäuft auf.

Angsterkrankungen treten ebenfalls in Familien gehäuft auf. Verwandte ersten Grades von Menschen mit Angsterkrankungen haben ein um 25 Prozent erhöhtes Risiko, auch an einer Angsterkrankung zu erkranken.

Zwangserkrankungen sind im Gegensatz dazu eher weniger genetisch bedingt. Verwandte ersten Grades zeigen in acht Prozent der Fälle ebenfalls eine Erkrankung.

Ess-Störungen haben ebenfalls einen eher geringen genetischen Anteil. Etwa fünf Prozent der Verwandten ersten Grades erkranken auch.

Auch beim Aktivitätsdefizitsyndrom und beim Asperger-Syndrom sind genetische Faktoren aufgrund einer familiären Häufung wahrscheinlich.

Und schließlich treten auch auffällige Veränderungen der Muster in Gefühlen, Gedanken und Verhalten familiär gehäuft auf. Relativ sicher ist, dass die Ausgestaltung des „Temperaments" genetisch reguliert wird.

5. Die Seele

Jeder vierte Mensch erleidet einmal im Leben eine derartige Erkrankung unter Mitwirkung von früherem oder aktuellem toxischen Stresses. Damit sind die Erkrankungen so häufig wie Bluthochdruck und Diabetes mellitus. Eine angemessene Therapie beinhaltet meistens Medikamente und Psychotherapie.

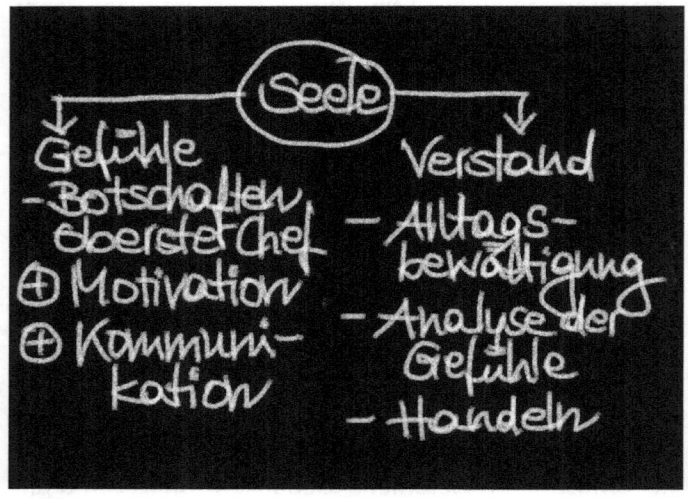

Tafel 1: Seele als oberste Instanz

Letztlich setzt sich im Körper-Seele-Geist-System immer das Seelische durch. Ich glaube, dass sie gleichzeitig auch die tiefe innere Weisheit des Menschen repräsentiert, den „göttlichen Funken". Die Seele gewinnt immer.

Der Geist, der Verstand, ist selbstverständlich auch unabdingbar. Wir brauchen ihn zur Alltagsbewältigung zur Analyse der Gefühle, zum bewussten Umgang mit den Gefühlen und zum Handeln. Man sollte nicht den Verstand benutzen und dabei das Gefühl missachten. Das führt zu den üblichen Verwicklungen des „modernen Menschen". Wir sollten jedoch auch nicht blind auf die Gefühle reagieren. Wir sollten das Gefühl wahrnehmen, akzeptieren und mit dem Verstand verstehen und dementsprechend reagieren und das, was wir dadurch verstehen mit dem Verstand in aktives Handeln übertragen.

Die Gefühle werden durch den Körper vermittelt. Körperliche Reaktionen auf Gefühle sind sogar messbar. Gefühle rufen immer eine körperliche und körperlich spürbare Reaktion hervor. Die Gefühle sind die Botschaften unseres obersten Chefs. Die Seele teilt uns sehr pragmatisch mit, was unserer tieferen inneren Weisheit entspricht. Gleichzeitig bringen die Gefühle die Motivation, sich entsprechend zu verhalten, mit. Wenn man sich ärgert, dann möchte man dies auch zum Ausdruck bringen. Wenn einen eine Tätigkeit froh macht, möchte man sie wiederholen.

Darüber hinaus tragen Gefühle auch zur Kommunikation mit anderen Menschen bei. Jeder Mensch kann fühlen, wie sich der andere fühlt. Um zu wissen, was der andere Mensch fühlt und uns mitteilen möchte, brauchen wir normalerweise nicht sprechen. Im Gegenteil führt die verbale Kommunikation eher dazu, uns von unseren Gefühlen im Augenblick zu entfernen.

Die Gefühle können in drei Gruppen angenehmer Gefühle und drei Gruppen unangenehmer Gefühle unterteilt werden.

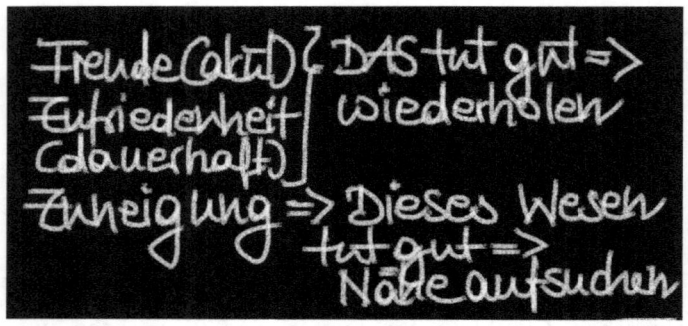

Tafel 2: Angenehme Gefühle

Die ersten beiden Gruppen angenehmer Gefühle betreffen alle Gefühle, die zur Freude gehören, welche sich eher akut anfühlt, oder die zur Zufriedenheit gehören, welche sich eher dauerhaft anfühlt. Damit will die Seele uns darauf hinweisen, genau dies zu wiederholen. Wir sollen das tun, *wonach* es uns gut geht. Freude und Zufriedenheit werden immer dann ausgelöst, wenn etwas unseren Erwartungen entspricht oder sie sogar noch übersteigt.

Die dritte Gruppe angenehmer Gefühle betrifft die Zuneigung. Damit will die Seele uns darauf hinweisen, dass uns dieser Mensch oder dieses Tier gut tut, und dass wir seine Nähe aufsuchen sollen. An der Stelle gibt es viele Menschen, die sich fragen, „warum sie sich immer in den ‚Falschen' verlieben." Die Zuneigung wurde jedoch bei genau dem richtigen Menschen ausgelöst. Vielleicht hat man nicht ausreichend auf die unangenehmen Gefühle gehört, die einem geraten haben, sich zu schützen oder sich zu verteidigen. Der Mensch ist ein soziales Wesen und kann ohne andere Individuen weder existieren noch im praktischen Alltag zurechtkommen. Zuneigung sorgt dafür, dass wir uns die angemessenen Kontakte suchen.

Die erste Gruppe der eher unangenehmen Gefühle gehört zu dem Überbegriff „Angst". Angst braucht der Mensch, um sich zu schützen. Wenn kleine Kinder keine Angst hätten, könnten sie gar nicht überleben. Die Angst sagt uns, dass wir uns eher im Sinne eines „passiven Rückzuges" selbst in Sicherheit bringen sollen. Hierbei handelt es sich um gesunde Angst. Über die lähmende Angst sprechen wir später.

Die zweite Gruppe der eher unangenehmen Gefühle betrifft den Bereich „Aggression", den man in „Ärger", „Wut" und „Hass" unterteilen kann. Aggression dient der Selbstverteidigung, der vehementen Selbstbehauptung. Ohne die Aggression hätte der Ritter nicht in eine Schlacht reiten können, um sein Hab und Gut zu verteidigen. Die Aggression führt quasi zu einem „Tunnelblick". Wir erinnern uns nur noch an alles, was auch schon so war, was genau jetzt so ist, und denken an alles, was auch noch genauso sein wird, wie das, was jetzt die Aggression auslöst. Das ist nützlich. Mit diesem „Tunnelblick" kann der Ritter seine

Schlacht schlagen. Auch beim Sport von kleinen Kindern kann man den Nutzen von Aggression schön beobachten. Fußball-Bambinis beispielsweise rennen schwarmweise hinter dem Ball her. Und dann gibt es immer ein oder zwei kleine Kinder, die auf dem Boden sitzen und Gras oder Gänseblümchen pflücken. Sie haben im Augenblick keine Aggression und sehen daher auch keinen Sinn, dem Ball hinterher zu rennen – und sich dabei selbst zu behaupten.

Tafel 3: Primäre unangenehme Gefühle

Unser „Ich" hat definitive Grenzen – sowohl körperlich als auch seelisch. Bauen sich die – körperlichen oder seelischen – „Truppen" des anderen an den eigenen Grenzen auf, empfindet man den eher passiven „Ärger". Der andere merkt, dass man sich anspannt, dass sich Mimik und Gestik verändert und wird auf die drohende Verletzung der eigenen Grenzen hingewiesen – wenn er dies denn bemerken möchte.

Überschreitet der andere eindeutig die eigenen Grenzen, wird die aktive „Wut" ausgelöst. Man hat das Bedürfnis, dies laut und deutlich zu artikulieren. Zieht der andere sich nicht umgehend zurück, kommt es wie in der Diplomatie zum Konflikt, in dem die Grenzen neu verhandelt werden.

Lässt der andere einem keinen Platz mehr – seelisch oder körperlich – entsteht „Hass". Dann geht es für das Körper-Seele-Geist-System – und ja auch in der äußeren Welt – um alles. Dann wird es wirklich gefährlich. Aber auch das ist notwendig, um wenigstens minimalen Eigenschutz aufrechtzuerhalten.

Die dritte Gruppe der unangenehmen Gefühle sind Scham- und Schuldgefühle. Primär vermittelt uns die Scham, dass wir Menschen sind, dass wir Fehler machen und damit vermittelt sie uns Demut. Schuldgefühle dagegen sind primär gewissensbildend. Da diese Gruppe von Gefühlen einerseits jedoch über viele Generationen weitergegeben wird und andererseits Menschen damit auf vielfältige Art manipuliert und dominiert werden, kann man diese Phänomene meistens nur noch bei Kindern beobachten. Im Erwachsenenalter geht es, wenn die

Seele diese Gefühle auslöst, meistens um unsere Erwartungen. Die Seele weist uns darauf hin, unsere Erwartungen mit unserem Verstand kritisch zu überprüfen. Möglicherweise stellt man fest, dass die Erwartungen korrekt waren und man wirklich etwas Unangenehmes getan hat. In anderen Kulturen zu anderen Zeiten gab es dann vielleicht die Verpflichtung zum „ehrenhaften Suizid". In unserer Kultur heute gibt es die sozialen Konventionen des „Ent-Schuldigens" oder „Wieder-Gutmachens". Danach sollte für einen die Geschichte abgehakt zu sein. Empfindet man noch immer Scham- oder Schuldgefühle, befindet man sich spätestens dabei, die eigenen Erwartungen zu überprüfen: Darf man niemals einen Fehler machen? Muss man immer alles richtig machen? Und damit sind wir von der Seele aufgefordert, unsere Erwartungen zu überarbeiten.

Scham- und Schuldgefühle sind die Gefühle, die sich am unangenehmsten anfühlen.

Normalerweise ignorieren wir alle diese seelischen Hinweise gerne. Dann können sich Angstattacken, Wutanfälle oder dauerhafte Scham- und Schuldgefühle entwickeln, die psychologisch noch nicht einmal besonders bedenklich wären.

Häufig nehmen wir aber auch dies seelisch gar nicht zur Kenntnis. Dann löst die Seele – genauso wie der Körper – Schmerz als „gelbe Karte" aus. Diese will uns sagen: Du sorgst nicht genug für dich (Freude, Zufriedenheit und Zuneigung). Freude, Zufriedenheit und Zuneigung sind Nahrung für die Seele.

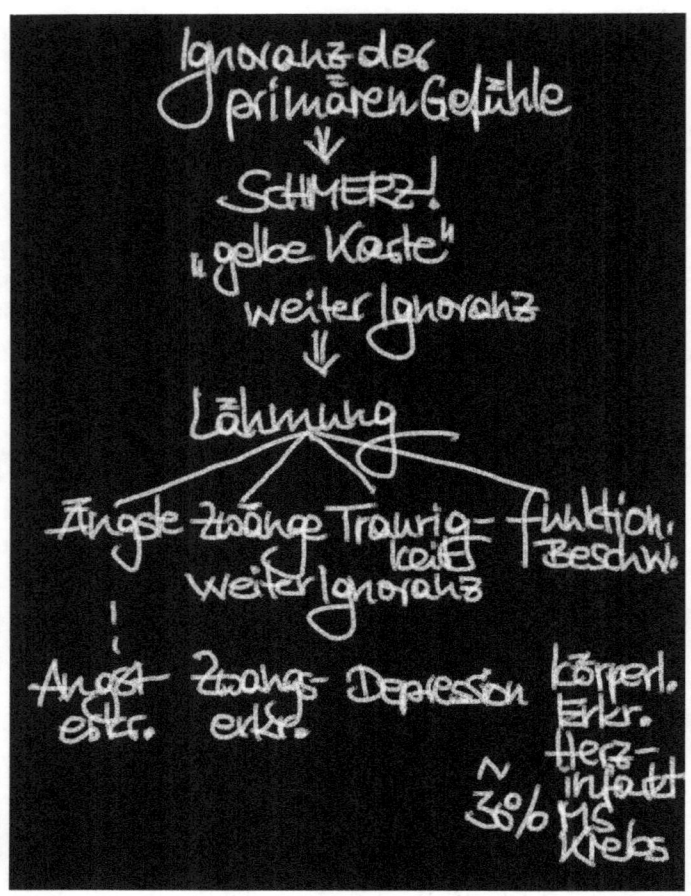

Tafel 4: Weitere unangenehme Gefühle

Auch wenn wir bei Stress mal nichts essen, würden wir doch nie auf den Gedanken kommen, sechs Wochen oder drei Monate ganz darauf zu verzichten. Für wie wenig Freude, Zufriedenheit und Zuneigung sorgen wir dementsprechend durchschnittlich aktiv in unserem

Alltag. Schmerz bedeutet auch, sich nicht gut genug zu schützen (Angst), zu verteidigen (Aggression) oder zu hohe Erwartungen (Scham/Schuld) zu haben.

Ignoriert man dieses Warnzeichen weiterhin, würde auf körperlichem Gebiet etwas „kaputt gehen". Es folgt der Herzinfarkt, der Bandscheibenvorfall oder die Lungenentzündung. Die Seele hat dann aber noch einen Trick in petto: die Lähmung, die „rote Karte".

Das bedeutet „psycho-logisch": Du hast nicht gut genug für dich gesorgt (Freude, Zufriedenheit, Zuneigung), du hast dich nicht ausreichend geschützt (Angst), nicht verteidigt (Aggression), deine Erwartungen nicht angepasst (Scham/Schuld). Der Mensch wird lahmgelegt, dann schadet er sich wenigstens selbst nicht mehr. Alle diese Gefühle tragen das Charakteristikum der „Lähmung" in sich.

Diese Lähmung kann geschehen mittels lähmender Ängste, beispielsweise nicht mehr aus dem Haus gehen zu können, lähmender Zwänge, alles zigmal kontrollieren zu müssen, Traurigkeit mit Antriebslosigkeit oder funktioneller Beschwerden, wie Migräne, mit der man kurzfristig gar nichts mehr machen kann.

Versteht man die Hinweise des Seelischen immer noch nicht und sorgt noch immer nicht für freudige oder zufriedene Momente, schützt oder verteidigt sich weiterhin nicht oder achtet nicht auf seine Erwartungen, dann kippen irgendwann die biologischen Gleichgewichte und es kommt zu Angsterkrankungen,

Zwangserkrankungen, der biochemischen Depression oder schweren körperlichen Erkrankungen.

6. Krankheitsbilder

Medizingeschichtlich teilte die Seelenheilkunde im „triadischen System" die Erkrankungen und Beschwerden des Seelischen in drei Arten auf: die „körperlich begründeten", die „endogen" begründeten und die „seelisch" begründeten Erkrankungen. Mit „körperlich begründeten" Erkrankungen waren Erkrankungen wie die Demenz, das Delir oder seelische Beschwerden aufgrund von körperlichen Erkrankungen, wie Stoffwechselstörungen beispielsweise der Schilddrüse oder der Nebennierenrinde gemeint. Mit „endogenen" Erkrankungen waren von „innen heraus" kommende Erkrankungen wie Depressionen, Manie oder Schizophrenie gemeint. Mit „psychogen" meinte man Erkrankungen, die sich auf irgendeine Art lebensgeschichtlich entwickeln würden wie Ängste, Zwänge oder Auffälligkeiten in den Mustern von Gedanken, Gefühlen und Verhalten.

Vom triadischen System wurde innerhalb der neueren Diagnosesysteme abgewichen, weil die Diskussionen über die Ursachen – tiefenpsychologisch, verhaltenspsychologisch, systemisch, biologisch und Ähnliches – jeden Nutzen überschritten und man ein klar definiertes, phänomenologisches —das heißt von den Beschreibungen strukturierbares- Diagnosesystem wollte. Traumatologische Fragestellungen wurden geschichtlich ohnehin bis in die 1970er Jahre hinein außer Acht gelassen, die das triadische System hätten wenigstens noch ergänzen müssen. Es war Ausdruck eines zumindest vorbewussten politischen Willens, durch Leugnung der Zusammenhänge ein

Entschädigungsanspruch zuerst der Konzentrationslagerüberlebenden, dann weiterer Opfer des Zweiten Weltkriegs und dann von Kriegsveteranen wie denen des Vietnamkriegs, abweisen zu können. Leider haben sich Fachleute hier zu Helfern der Politik machen lassen, in dem sie jahrzehntelang schlicht und ergreifend von einer Unverletzlichkeit des Seelischen ausgingen. Hingegen ist das Seelische nicht nur genauso verletzlich wie das Körperliche, sondern es finden ganz ähnliche Abläufe der „Wundheilung", „Narbenbildung" und „Funktionsminderung" statt. Darüber hinaus würde man bei einer vermeintlichen Unverletzlichkeit des Seelischen wiederum die zahlreichen und vielfältigen Wechselwirkungen zwischen Körper und Seele vollkommen außer Acht lassen.

Moderne Wissenschaft weiß heute, dass toxischer Stress – aufgrund von das Körper-Seele-Geist-System belastenden Situationen – zu allen möglichen seelischen, aber eben auch biologischen Schwierigkeiten bis auf die Zellebene führen kann. Das früher eher „esoterische" Grundverständnis, alles hänge mit allem zusammen –gefolgt von einer fachlichen Verwirrung der Zwischenphase über die eigentlichen Ursachen – mündet heute in ein wissenschaftlich immer besser belegtes Wissen davon, dass tatsächlich alle diese Erkrankungen sowohl biologische als auch stressbedingte Anteile haben. Haben wir mittlerweile ein ausgefeilteres Wissen um die biochemischen und erblichen Zusammenhänge, so werden die Auswirkungen von lebensgeschichtlichen Belastungen noch immer viel zu häufig unterschätzt.

Hierbei erscheint mir wichtig zu erwähnen, dass in den meisten europäischen – und selbstverständlich auch angelsächsischen Ländern – der Gang zum Psychiater so selbstverständlich ist wie der zum Internisten oder zum Orthopäden. In Deutschland ist das nicht so. Im Ausland werden sogar deutsch-österreichische Psychiater besonders geschätzt aufgrund unserer Geschichte, dass die Seelenheilkunde und die Psychotherapie weitgehend in Deutschland und Österreich entwickelt wurden. In Deutschland ist auch das nicht der Fall. Selbst die ärztlichen Kollegen belächeln gerne unser Betätigungsfeld. Bezüglich der Motive wurde hierzu eine Befragung angefertigt. Über einhundert Fragen bildeten das Gerüst, aus der eine durch die Signifikanz der Antwort besonders auffiel: „Was glauben Sie wie viel Prozent der Menschen sind seelisch krank?" Die Antwort war bei über neunzig Prozent aller Befragten haarsträubend hoch – zwischen achtzig und über neunzig Prozent.

Die Frage war, wie diese hohen Zahlen im Erleben der Deutschen zustande kommen. Psychologen konnten bei der Antwort behilflich sein. Der durchschnittliche Deutsche glaubt, wir „seien ja irgendwie alle nicht normal", „hätten alle eine Macke" oder „schwere Probleme". Ist man davon überzeugt, kann man davon natürlich keinen Krankheitsprozess mehr abgrenzen. Die Logik wird in einem Gedankenexperiment besonders deutlich: Wenn man glaubt, jeder hat Schwierigkeiten mit dem Herz, dann ist jeder, der zum Kardiologen geht, ein Spinner, der mit seinem Alltag nicht zurechtkommt, und der Kardiologe, der sich mit einem Phänomen beschäftigt, was sowieso jeder hat, natürlich auch kein „richtiger" Arzt.

Daher ist es von ganz besonderer Bedeutung einzusehen, dass es abgegrenzte Erkrankungen auf körperlich-seelisch-geistigem Bereich gibt, die sich in ihrer Faktizität in nichts von einem Herzinfarkt, einer Lungenentzündung oder einem Schlaganfall unterscheiden, die behandelt werden müssen und die eine Wiederherstellungsphase erfordern.

Häufig hört man das Argument, man sehe die seelischen Erkrankungen nicht. Die tieferen Ursachen einer Lungenentzündung kann aber auch niemand sehen. Trotzdem ist sie als körperliche Erkrankung wegen der sichtbaren Symptome, die unmittelbar den Eindruck einer ernsthaften Erkrankung vermitteln, anerkannt. Ein an einer Depression erkrankter Mensch sieht mindestens genauso krank aus wie ein an einer Lungenentzündung erkrankter Mensch. Bei der Depression besteht aber die Neigung die körperlichen Ursachen und Auswirkungen zu ignorieren. Die Krankheit bekommt den Anstrich des „zweitrangigen" Leidens.

Wissenschaftlich betrachtet ist neben genetischen Faktoren bei der Depression eine Verminderung von neurochemischen Botenstoffen ebenso nachweisbar wie messbare Verminderungen der Aktivität spezieller Hirnregionen. Es handelt sich also um eine Störung im Hirnstoffwechsel. Es finden sich auch typische Unregelmäßigkeiten in der Schlafstruktur.

Auch viele Herzinfarktpatienten sehen aus wie das blühende Leben und schämen sich – zu Recht – nicht ihres Leidens, ihrer Krankheit und ihrer mangelnden Leistungsfähigkeit. Eine Psychose ist medizinisch nichts anderes, nämlich eine Erkrankung, die neben genetischen Auslösefaktoren zu strukturellen Veränderungen des Gehirns führt. Es finden sich verminderte Aktivitäten in bestimmten Hirnbereichen. Es handelt sich um eine Verbindungsstörung mehrerer Hirnregionen.

Als abschließendes Beispiel mögen Rückenschmerzen dienen. Es handelt sich um eine spezielle Sensibilität des Funktionssystems der Wirbelsäule. Genauso wurden bei Angsterkrankungen neben genetischen Faktoren Schwankungen in den Botenstoffsystemen wie bei der Depression und eine Funktionsstörung einer bestimmten Hirnregion, dem Locus coeruleus, sowie eine erhöhte Kohlendioxid- und Laktatempfindlichkeit nachgewiesen.

Das heißt, es gibt definitiv keinen Unterschied zwischen seelischen und körperlichen Erkrankungen – außer in unserer persönlichen Wahrnehmung und Beurteilung. Und diese sollten wir vielleicht zugunsten der Betroffenen, auf jeden Fall aber zu unserem eigenen Nutzen der Wirklichkeit anpassen.

Hauptsächlich seelische Krankheitsbilder

Burn-Out-Syndrom

Das „Burn-Out"-Syndrom stellt einen Risikozustand und keine Erkrankung dar.

Das Burn-Out-Syndrom als Zustand, in den man aufgrund individueller und arbeitsplatzbedingter Faktoren geraten kann, ist gekennzeichnet durch:

Emotionale Erschöpfung

Sie umfasst das Gefühl der Überforderung und des Ausgelaugt-Seins bezüglich der eigenen seelischen und körperlichen Reserven. Mit dem Energiemangel verbunden sind Beschwerden wie Müdigkeit und Niedergeschlagenheit sowie das Auftreten von Anspannungszuständen. Zu beobachten sind zudem häufig Schwierigkeiten, sich in der Freizeit zu entspannen, und Schlafstörungen. An körperlichen Beschwerden kommen oft Magen-Darm-Beschwerden, Kopf- und Rückenschmerzen und eine verstärkte Infekt-Anfälligkeit vor.

Zynismus und Distanzierung

Aus dem vorher vielleicht idealisierten Verhältnis zur Arbeit, die meist mit freudigen Erwartungen begonnen wurde, entwickelt sich zunehmend Frustration mit anschließender Distanzierung. Dies ist verbunden mit Schuldzuweisungen für die als verändert erlebte Arbeit und einer Verbitterung gegenüber den Arbeitsbedingungen. Diese Frustration führt schließlich zu einer Abwertung der Arbeit und zu einem Zynismus, der sich auch gegen Arbeitskollegen und Klientel richtet. Dies wiederum führt zu Schuldgefühlen beim Betroffenen.

Verminderte Arbeitsleistung

In der Selbsteinschätzung besteht eine nachhaltige Minderung von Arbeitsleistung, Kompetenz und Kreativität. Empfunden werden auch Konzentrationsstörungen und Arbeitsunzufriedenheit.

Alle Burn-Out-Definitionen setzen voraus, dass die betroffenen Menschen selbst ihre Beschwerden als Folgen der Arbeitsbelastung sehen.

Das bedeutet, dass individuelle Faktoren zusammen mit Arbeitsplatzfaktoren zu einer Arbeitsüberforderung mit Stress-Beschwerden und Erschöpfung führen. In dieser Situation sollten Maßnahmen zur Burn-Out-Prophylaxe angewendet werden. Bleibt die Überanforderung bestehen, kommt es zum "Burn-Out", nämlich einem Risikozustand mit Erschöpfung, Zynismus und Leistungstief. Zu diesem Zeitpunkt sollten Maßnahmen erfolgen, den Menschen aus dem "Burn-Out" herauszuhelfen und andererseits auch prophylaktische Maßnahmen, um schwerwiegenden Erkrankungen wie Angst, Depression, funktionellen Beschwerden und Suchterkrankungen zuvorzukommen. Diese Erkrankungen oder andere hinzukommende Erkrankungen verändern zusätzlich die Belastbarkeit des Menschen und können somit wieder die Arbeitsüberforderung und auch das Burn-Out steigern

Wir unterscheiden also 1. ein Burn-Out als Risikozustand für schwerwiegende Erkrankungen, in den ein Mensch geraten kann, und 2. ein Burn-Out, das bereits zu einer schwerwiegenden Erkrankung wie

Depression, Angst, funktionellen Beschwerden, Süchten geführt hat.

Dies ist von besonderer Bedeutung, da zunächst gesellschaftlich durch die Ausprägung der Formulierung „Burn-Out" die Diskussion und die Entstigmatisierung seelischer Erkrankung zu befördern schien. Für manche betroffene Menschen war es „sozial günstiger" die Erkrankung „Burn-Out" statt „Depression" zu nennen. Jedoch entwickelten sich im Verlauf zwei sehr problematische Richtungen. Erstens scheint es gesellschaftlich plötzlich so betrachtet zu werden, dass die „Leistungsträger" ein „Burn-Out" haben müssten, sonst würden sie zu wenig arbeiten. Und zweitens wird das „Burn-Out" als die Erkrankung der Leistungsmenschen und die „Depression" als die Erkrankung der Schwachen dargestellt. Dem muss fachlich entschieden widersprochen werden. Das Burn-Out ist ein Risikozustand für schwerwiegende Erkrankungen wie die Depression, die jeden Menschen befallen kann. Ein zusätzliches Problem stellt sich dar, weil möglicherweise Menschen mit schweren, potentiell lebensbedrohlichen Erkrankungen wie der Depression oder Angsterkrankungen hoffen, sie könnten in „Wellness"-Kuren geheilt werden, die lediglich Menschen in einem Burn-Out-Zustand zur notwendigen Erholung verhelfen können.

Organisch bedingte, körperlich begründbare seelische Krankheitsbilder

Hierunter versteht man alle seelischen Beschwerden, die hauptsächlich durch körperliche Ursachen ausgelöst werden.

Demenzen

Der Begriff „Demenz" bezeichnet das vorzeitige Nachlassen der kognitiven Leistungsfähigkeit. Vergesslichkeit bedeutet noch keine Demenz, sondern dafür gibt es zahlreiche Gründe. Unter einer Demenz versteht man die Abnahme von Gedächtnisleistung und Denkvermögen. Dieses Nachlassen betrifft zunächst die Aufnahme und das Wiedergeben neuer gedanklicher Inhalte, so dass die Orientierung (wo man ist, was gerade passiert), die Urteilsfähigkeit, aber auch die Sprach- oder Rechenfähigkeit sowie Teile der ursprünglichen Persönlichkeit untergehen. Das kann sich bei Alltagsaktivitäten wie Waschen, Kochen oder Einkaufen bemerkbar machen. Die betroffenen Menschen können aggressiv oder enthemmt, depressiv oder in der Stimmung sprunghaft werden, was für Angehörige und pflegende Personen erhebliche Schwierigkeiten aufwirft. Es ist eine häufige Erkrankung. Nach Schätzungen von Patientenverbänden leben in Deutschland weit über eine Million Menschen mit altersbedingten vorzeitigen Hirnleistungsstörungen.

Prinzipiell können alle Veränderungen im Gehirn das Bild einer Demenz hervorrufen. Solche Veränderungen können durch andere körperliche Erkrankungen entstehen, vor allem durch Durchblutungsstörungen. Bei dieser „gefäßbedingten Demenz" kommt es häufig schlagartig zur Verschlechterung der Hirnleistung und es treten oft anderweitige Zeichen eines Schlaganfalles wie Seh- oder Sprachstörungen auf. Die häufigste Ursache ist der 1906 von dem deutschen Neuropsychiater Alois Alzheimer beschriebene und nach ihm benannte Abbau von Nervenzellen. Ähnlich wie bei der „Alzheimer-Demenz" gibt es weitere typische Abbauprozesse im Gehirn, die mit einer Demenz einhergehen. Auch Stoffwechselstörungen wie Vitamin-B-Mangel-Symptome oder Schilddrüsen-Erkrankungen, chronische Vergiftungen wie bei der Alkoholabhängigkeit, raumfordernde Prozesse oder Infektionen des Gehirns können zu einer Demenz führen. Diese sind im Gegensatz zu den Abbauprozessen häufig behandelbar und dann ist die Demenz auch weitgehend heilbar.

Die Unterscheidung dieser Ursachen muss durch den Fachmann vorgenommen werden und ist auch dann nicht immer ganz einfach, zumal häufig ein Überlappen mehrerer Ursachen vorliegt. So führen die „Volkskrankheiten" erhöhter Blutdruck oder Diabetes mellitus zu einer Verschlechterung einer bestehenden Demenz oder rufen die Hirnschädigung durch Durchblutungsstörungen selbst hervor.

Wichtig ist eingangs, eine Demenz von anderen Erkrankungen zu differenzieren. Dann müssen mögliche ursächlich behandelbare Erkrankungen ausgeschlossen werden. Steht dann am Ende einer Vielzahl von Untersuchungen die Diagnose fest, müssen behandelbare Ursachen – häufig auch von Kollegen anderer Fachrichtungen – grundsätzlich behandelt werden. Jedoch gibt es für die Mehrzahl der Demenzerkrankten derzeit keine Heilung. Es geht hier aber um ein Aufhalten des Hirnabbaus – etwa bei der Alzheimer- oder der vaskulären Demenz.

Für alle Demenzerkrankten gilt, dass Nervenärzte dem Abbau der kognitiven Fähigkeiten nicht tatenlos zusehen. Ziel der Bemühungen ist es, dass die betroffenen Menschen möglichst lange ihren Alltag selbst bewältigen können. Dazu gehören häufig auch Zusatztherapien wie Ergotherapie oder Krankengymnastik, um die kognitiven, seelischen und körperlichen Funktionen zu trainieren und dadurch aufrechtzuerhalten.

Auch mit Medikamenten kann heute einiges erreicht werden. Ziel ist dabei, das Fortschreiten der Erkrankung zu verlangsamen oder sogar vorübergehend zum Stillstand zu bringen. Die hierfür verwendeten Substanzen wirken individuell sehr unterschiedlich. Ein Behandlungsversuch lohnt sich auf jeden Fall, auch wenn er vielleicht nicht zu besonders deutlichen Veränderungen führt. Da eine Demenz laufend fortschreitet, muss nämlich schon eine ausbleibende Verschlechterung als Behandlungserfolg verstanden werden.

Amnestisches Syndrom

Hierbei handelt es sich um ein Krankheitsbild, das eine deutliche Beeinträchtigung des Kurz- und Langzeitgedächtnisses, jedoch ein erhaltenes Mittelzeitgedächtnis aufweist. Dies kann durch vielfältige Stoffwechselstörungen oder äußere Einflüsse auftreten.

Delir

Während des Delirs bestehen gleichzeitig quantitative oder qualitative Bewusstseinsstörungen, Störungen der Aufmerksamkeit, des Gedächtnisses, der Wahrnehmung, des Denkens, der Stimmung. der Psychomotorik und des Schlaf-Wach-Rhythmus.

Organisch oder körperlich bedingte andere seelische Syndrome

Letztlich kann jedes beschriebene seelische Syndrom genauso wie durch innere Hirnstoffwechselprozesse oder traumatisch ausgelöste Geschehnisse auch durch Stoffwechselveränderungen im Körper bedingt sein. Konkret und häufiger bekannt sind die „Halluzinose" (mit vorwiegend Halluzinationen), „katatone Störung" (mit wächserner Biegefestigkeit der Gelenke und anderen Störungen der Psychomotorik), „wahnhafte oder schizophreniforme Störung" (wie eine Schizophrenie aussehend), „emotionale Krankheitsbilder" (wie Depression, Manie oder bipolare Störung aussehend) und auch eine körperlich bedingte „Angsterkrankung".

Seelische Beschwerden durch seelisch wirksame Substanzen

Hierunter versteht man eine Vielzahl von Beschwerden unterschiedlichen Schweregrades, deren Gemeinsamkeit im statt gefundenen oder laufenden Gebrauch einer oder mehrerer seelisch wirksamer Substanzen liegt.

Akute Vergiftung, akuter Rausch

Dies tritt akut nach der Einnahme oder Aufnahme seelisch wirksamer Substanzen auf. Das Bewusstsein kann gestört sein, ebenso intellektuelle Fähigkeiten, die Wahrnehmung, die Stimmung und das Verhalten. Auch körperliche Beschwerden können massiv auftreten.

Schädlicher Gebrauch

Hierbei handelt es sich um den Gebrauch seelisch wirksamer Substanzen so, dass er zu Gesundheitsschädigungen führt. Diese können sich sowohl körperlich, wie chronischer Husten bei Nikotinkonsum oder Übergewicht bei Zuckerkonsum, als auch seelisch, wie Depression bei Alkoholkonsum oder Stimmungsschwankungen bei Zuckerkonsum, äußern.

Abhängigkeit

Typischerweise besteht ein starker Wunsch, die Substanz einzunehmen, Schwierigkeiten, den Konsum zu kontrollieren und die Fortsetzung des Gebrauchs trotz schädlicher Auswirkungen. Dem Substanzkonsum wird Vorrang eingeräumt vor ansonsten bedeutsamen Aktivitäten und Verpflichtungen. Häufig kommt es zu einer Toleranzerhöhung und bei Absetzen zu einer Entzugsphase.

Andere Auswirkungen seelisch wirksamer Substanzen

Es kommen Entzugsbeschwerden mit oder ohne Delir vor, Psychosen, Amnesie, Demenzen, Nachhallzustände (Flashbacks), emotionale Erkrankungen und Veränderungen der Muster des Denkens, Fühlens und Verhaltens.

„Alltags-Drogen"

Kurz sollen die aus meiner Sich verharmlosten, so genannten „Alltags-Drogen" erwähnt werden. Neben zahlreichen anderen Suchtmitteln und Suchtverhalten wie Einkaufen oder Internetsurfen, spielen diese in der täglichen Beratungstätigkeit und Seelsorge eine große Rolle. Ihnen allen ist neben vielfältigen körperlichen Schäden, die sie verursachen, gemeinsam, dass sie die seelische Verfassung erheblich verschlechtern, zu Stimmungsschwankungen, reduziertem Selbstwertgefühl und Verzweiflung und Hoffnungslosigkeit führen.

Alkohol

Ich unterscheide die Alkoholabhängigkeit im Sinne einer Alkohol-Krankheit, mit den typischen Sucht-Kriterien von dem oben erwähnten „schädlichen

Gebrauch", wobei der betroffene Mensch die Sucht-Kriterien nicht komplett erfüllt und insbesondere keine körperlichen Entzugserscheinungen entwickelt. Bei der Alkoholabhängigkeit folgt einer Entgiftungsphase, die im spezialisierten Krankenhaus stattzufinden hat, eine häufig monatelange Entwöhnungsphase in einer ebenfalls spezialisierten Einrichtung.

Bei Menschen mit schädlichem Gebrauch von Alkohol kann man beobachten, dass sie sich betäuben und das schmerzfreie Vergessen suchen. Sie fühlen sich wie in weiche Watte gepackt. Sie wird schmerzfrei und „ertränken" ihre Sorgen. Alkohol vernebelt das Denkvermögen. Statt sinnvoller Kommunikation mit anderen Menschen zu betreiben, betäubt ein Mensch mit schädlichem Gebrauch von Alkohol die Sätze in seinem Kopf, häufig bei solchen Menschen, die gerade im Geistigen ihren Sehnsuchtsbereich haben. Menschen mit einem Alkohol-Problem sehnen sich nach Austausch und Kommunikation, nach tiefen Gedanken und verbalem Austausch. Weil die Wirklichkeit in diesem Bereich aber schmerzhaft ist, wird Alkohol zum Mittel der Wahl, sich zu betäuben. Die Arbeit besteht darin, den Schmerz der Kommunikationslosigkeit und Einsamkeit zu spüren und neue Wege zu finden, sich auszudrücken, statt sich zu betäuben.

Nikotin

Ein Nikotinabhängiger baut eine Nebelwand zwischen sich und der Welt auf und bleibt in einer Scheinwelt. Ein Nikotinabhängiger saugt den ganzen Tag an seinen Zigaretten. Er vernebelt die Wirklichkeit, so dass er in seinen Phantasien bleiben kann. Er schafft eine Wand zwischen seinen Träumen und der kalten, harten Welt. Zu spüren, dass er in seiner Phantasie tausend unerfüllte Bedürfnisse hat, den Schmerz zuzulassen, dass die Träume unerfüllt sind, und die Arbeit zu tun, andere Wege zu finden, die Träume zu leben, ist der Weg eines Nikotinsüchtigen, um sich zu befreien.

Zucker

Ein Zuckerabhängiger sucht das verlorene Paradies und die „Süße" im Leben. Er greift zur betörenden Süße, die ein kurzes Glücksgefühl ermöglicht und ihm angenehme Gefühle vermittelt. Ein Zuckersüchtiger macht sich seinen Körper unattraktiv, weil der sich eigentlich nach Zärtlichkeit und Liebe sehnt. Durch das Fett verschwinden die typischen männlichen oder weiblichen Reize im „Babyspeck". Zu spüren, dass der Körper tausend unerfüllte Bedürfnisse hat, den Schmerz der Enttäuschung zuzulassen und auf anderem Weg für eine Befriedigung, für Süße im Leben zu sorgen, ist der Weg, der aus der Zuckersucht führt. Zucker wird für einen Süchtigen zum Kurzbesuch im Paradies, „wo Milch und Honig fließen".

Cannabis

Cannabis wird immer häufiger und regelmäßiger konsumiert. Aus fachlicher Sicht bleibt festzuhalten, dass praktisch kein Unterschied zu den anderen Alltags-Drogen besteht. Alle – auch Cannabis – kann man kontrolliert konsumieren. Man kann von allen abhängig werden, was bei allen zu schweren Folgeerkrankungen führen kann. Auch ist Cannabis nicht mehr oder weniger „Einstiegsdroge" als die anderen Alltagsdrogen. Wichtig ist jedoch, darauf hinzuweisen, dass der durch Züchtung ansteigende Anteil des Delta-9-THC als Wahn und Halluzinationen auslösendem Bestandteil in den Cannabispflanzen das Auftreten der cannabisassoziierten Psychose vervielfacht hat. Hierbei handelt es sich um eine typische Psychose, bei der die Dopamin-Schwelle durch den Konsum des Delta-9-THC überschritten wird. Auf dieses Risiko, welches so bei den anderen Alltagsdrogen nicht besteht, sollten Cannabis-Konsumenten hingewiesen sein. (Siehe Psychose)

Psychotische Erkrankungen

Psychosen

Präpsychotische Symptome - Prodrom

Es dauert sehr lange bis Menschen mit einer Psychose in eine angemessene Behandlung kommen. Studien zufolge vergehen etwa fünf Jahre bis zur Diagnosestellung und Behandlung. Da sie eine sehr starke Neigung zur Chronifizierung haben, ist es besonders wichtig, sie früh zu erkennen und zu behandeln. Daher wurden die „Vorreiter"-Symptome untersucht und festgestellt. Diese nennt man „präpsychotisch" oder „Prodrom".

Die Psychose beginnt mit Misstrauen ohne eindeutigen Wahncharakter und einem schulischen oder beruflichen Leistungsknick, für den es keine andere offensichtliche Erklärung gibt. Man beobachtet die Neigung des Betroffenen, alles auf sich selbst zu beziehen, Störungen von Konzentration und Aufmerksamkeit, Zerstreutheit, Störungen von Antrieb und Motivation, Energieeinbuße und Schlafstörungen mit nächtlichem „Umhergeistern". Es treten Angstzustände mit Unruhe und Gespanntheit, zunehmender Nervosität und zunehmender seelischer Instabilität auf, ebenso sozialer Rückzug mit Schwierigkeiten, Kontakt aufzunehmen, obwohl man gerne möchte, wachsende Ungeselligkeit mit einem Erkalten der zwischenmenschlichen Beziehungen. Häufig findet man eine gesteigerte Irritabilität. Manchmal ist der Betroffen von den Eindrücken „völlig vereinnahmt. Er ist rasch erschöpft, lärmempfindlich, bekommt Herzklopfen. Gelegentlich wird er genussunfähig, freudlos, verfällt in ängstlich-gedrückte oder depressive Stimmung, fühlt sich wie „abgestorben", eigenartig selbstversunken. Vielleicht tritt ein eigenartig zunehmendes Interesse an religiösen, mystischen, philosophischen oder gesellschaftspolitischen Fragen auf.

Natürlich treten einzelne Beschwerden auch bei völlig Gesunden auf, ein Zusammentreffen einiger Symptome insbesondere zusammen mit einem deutlichen Leistungsknick sollte aber wachsam machen. Spezialambulanzen können dann nähere Klärung schaffen.

In der Folge kommt es zu einer zunehmenden Irritation und Erhöhung der emotionalen Spannung. Diese gehen einher mit „formalen Denkstörungen" wie Gedankenabreißen, Gedankendrängen, Gedanken, die immer wieder ungewollt „wie von außen" dazwischen kommen. Der Betroffene bleibt an Gedanken „hängen".

Eigentümliche Wahrnehmungen wie ungewöhnliche Veränderungen, Verkleinerungen oder Vergrößerungen von Mitmenschen, Tieren oder Objekten, seelische und körperliche Verlangsamung bis hin zur Entschluss- und Handlungsunfähigkeit können auftreten. Körperliche Missempfindungen mit dem Eindruck, sie seien von etwas oder jemand „gemacht" und „sonderbare" Vorstellungen oder magisches Denken stellen sich ein.

Schließlich kommen noch Phänomene wie Depersonalisation und Derealisation hinzu. Im nächsten Schritt kommt es dann zur aktiven Psychose.

Psychotische Episode

Jeder Mensch hat eine multifaktoriell festgelegte "Dopaminschwelle". Positive Ereignisse stimulieren das Dopamin-System, das "Belohnungssystem". Viel stärker noch treiben das Dopamin aber viele andere Faktoren in die Höhe, wie z.B. Drogen, Schlafmangel, alle Arten von Stress, bestimmte Medikamente, wie sogar manche Antibiotika, und anderes. Kommen nun solche Faktoren zusammen, kann es sein, dass diese "Dopaminschwelle" überschritten wird und ein "Dopaminexzess" entsteht. Das Dopamin erhöht sich oberhalb der Dopaminschwelle von selbst immer weiter und die Psychose entwickelt sich.

Typische Beschwerden sind das Gefühl, alles habe mit einem selbst zu tun, Gedanken, die durcheinander kommen oder „abreißen", Stimmen hören, Dinge riechen, schmecken, hören, fühlen und sehen, die andere nicht nachvollziehen können, und die innere Unfähigkeit, diese Dinge noch in Frage stellen zu können, das heißt, eine „unkorrigierbare Gewissheit", der Wahn. Hinzu kommen Antriebsstörungen, Konzentrations- und Aufmerksamkeitsstörungen sowie häufig panische Angst.

Eine Psychose sollte unbedingt mit Neuroleptika behandelt werden, damit besonders die Antriebslosigkeit, Konzentrations- und Aufmerksamkeitsstörungen nicht zurückbleiben. Weil die betroffenen Menschen meist nicht einsehen können, dass sie „krank" sind, also eine verzerrte Wahrnehmung haben, ist es oft schwierig, eine Behandlung einzuleiten. Bei einer einmaligen psychotischen Episode ist die Prognose, dass keine Restbeschwerden bleiben, und dass es nicht zu einer Chronifizierung kommt, noch gut.

Schizophrenie

Typisch für die Schizophrenie sind im Allgemeinen Störungen von Denken und Wahrnehmen sowie eine nicht zur Situation passende und verflachte Stimmung. Weder das Bewusstsein noch intellektuelle Fähigkeiten sind normalerweise gestört. An eine Schizophrenie sollte dann gedacht werden, wenn ein betroffener Mensch folgende Beschwerden zeigt: Gedankenausbreitung, Gedankeneingebung oder Gedankenentzug, Wahnwahrnehmungen, Kontrollwahn, Beeinflussungswahn oder das „Gefühl des von außen Gemachten", Stimmen, die in der dritten Person Kommentare über den betroffenen Menschen machen. Auffallend sind in der Regel auch Denkstörungen, wie Zerfahrenheit im Gedankengang, und Konzentrations-, Auffassungs- und Aufmerksamkeitsstörungen.

Eine multifaktoriell (genetisch, biologisch, Lebenszeitstresskonto) bedingte, so niedrige "Dopaminschwelle", dass ein "Dopaminexzess" auch ganz ohne nachvollziehbare Auslöser auftritt - und dies im Verlauf mehrmals - nennt man eine "Schizophrenie". Jeder hundertste Mensch leidet unter einer Schizophrenie. Die Schizophrenie wird dauerhaft mit Neuroleptika behandelt. Geschieht dies frühzeitig und konsequent, kann der Betroffene ein vollkommen normales Leben führen.

Die Schizophrenie kann in vier Untertypen aufgeteilt werden:

Paranoide Schizophrenie

Diese Art der schizophrenen Erkrankung ist durch beständige, häufige Vorstellungen von Verfolgungswahn gekennzeichnet. Meistens treten auch akustische Halluzinationen und andere Wahrnehmungsstörungen auf. Die übrigen Beschwerden sind nicht so auffallend oder fehlen.

Hebephrene Schizophrenie

Bei dieser Form der Schizophrenie stehen die Veränderungen der Stimmung im Vordergrund. Wahnvorstellungen und Halluzinationen sind flüchtig und können auch nur bruchstückhaft auftreten. Die Stimmung fällt durch „albernes", also „unreif" wirkendes Verhalten mit unsystematischem Denken, Fühlen und Verhalten auf. Der betroffene Mensch wirkt tatsächlich „durcheinander", auch gefühlsmäßig. Häufig kommt es zu einer sozialen Isolation.

Katatone Schizophrenie

Bei dieser Art der Schizophrenie stehen die psychomotorischen Auswirkungen der Erkrankung im Vordergrund, die zwischen unkontrollierbarer Erregung und Stupor (psychomotorischer Starre) hin- und herwechseln können. Zwangshaltungen und Zwangsstellungen können lange Zeit beibehalten werden, wie der Kopf wenige Zentimeter schwebend über dem Kopfkissen.

Schizophrenia simplex

Diese Art der Schizophrenie verläuft sehr langsam. Es fallen merkwürdiges Verhalten auf mit Schwierigkeiten, gesellschaftliche Anforderungen zu erfüllen und eine Verschlechterung der allgemeinen Leistungsfähigkeit. Die typischen Denkstörungen sowie Affektverflachung und Antriebsminderung entwickeln sich ohne nachweisbare Wahnbeschwerden oder Halluzinationen.

Folgezustände

Postschizophrene Depression

Bei dieser Erkrankung handelt es sich um eine möglicherweise lang anhaltende biochemische Depression, die im Anschluss an eine schizophrene Krankheit auftritt.

Schizophrenes Residuum

Hier zeigt sich ein bleibendes „Defekt"-Stadium nach einer schizophrenen Krankheit. Es liegen landandauernde Verlangsamung, verminderte Aktivität, Affektverflachung, Passivität, Initiativemangel, Sprachverarmung, geringe Mimik, Gestik, Modulation der Körperhaltung, Vernachlässigung der Körperpflege und nachlassende soziale Fertigkeiten vor.

Das Residualsyndrom bei einer Psychose oder Schizophrenie ist im engeren Sinne das Bestehenbleiben von Symptomen als Zeichen der Chronifizierung. Dazu gerechnet werden vor allem Antriebsverminderung, sozialer Rückzug, Ideenarmut und Verlangsamung im Seelischen und Körperlichen. Die betroffenen Menschen sind erschöpft und kaum belastbar.

Es kann in Teilbereichen auch durch lange Unterforderung und lange Krankenhausaufenthalte des betroffenen Menschen verstärkt werden. Es wird heute nicht mehr notwendigerweise als nicht zu behebender „Defektzustand" betrachtet, sondern gilt unter einer Verbindung psychopharmakologischer, soziotherapeutischer und psychotherapeutischer Maßnahmen durchaus als günstig beeinflussbar. Neben dem einfachen Residualsyndrom existiert eine gemischte Form, bei der auch typische psychotische Symptome wie Halluzinationen und Wahnvorstellungen vorhanden bleiben.

Hierbei wirkt eine Erhöhung von Neuroleptika wenig oder gar nicht. Sie können meistens nur einzelne

Störungen bessern. Der Verzicht auf die Neuroleptika kann aber zu einem Rezidiv der Psychose oder Schizophrenie führen, welches ein noch schwereres Residuum nach sich ziehen würde. Es werden besser Anticholinergika wie Biperiden eingesetzt. Man kann versuchen, auf andere Substanzklassen wie auf atypische Neuroleptika oder mittelpotente Neuroleptika umzustellen. Antidepressiva können versucht werden. Von großer Bedeutung sind aber besonders übende und aktivierende Verfahren wie die Ergotherapie und Psychotherapie.

Wahnhafte Störungen

Hierbei handelt es sich um eine Gruppe von Krankheitsbildern, bei denen ein langandauernder Wahn das einzige oder das weit im Vordergrund stehende Merkmal darstellt. Eindeutige oder anhaltende Halluzinationen treten hierbei nicht auf.

Akute polymorphe psychotische Störungen, auch zykloide Psychosen

Dies ist eine Gruppe unterschiedlicher Krankheitsbilder, die durch den akuten Beginn psychotischer Beschwerden, wie Wahnvorstellungen, Halluzinationen, andere Wahrnehmungsstörungen, charakterisiert sind. Ratlosigkeit und Verwirrtheit kommen häufig vor.

Zykloide Psychosen wurden von K. Leonhard beschrieben. Sie kehren nach dem gleichen Verlauf immer wieder. Sie wurden früher als zwischen den bipolaren Störungen und der Psychose oder der

Schizophrenie stehend betrachtet. Dort sind heute in der Theorie die schizoaffektive Störungen angesiedelt. Typisch ist, dass die Erkrankungsbilder zwischen den Extremen der Hochstimmung und der Schwermut wechseln.

Angst-Glücks-Psychose

Die Angst-Glücks-Psychose ist gekennzeichnet von einerseits einer pathetisch-euphorischen Stimmung mit Beglückungsideen, Erlöserideen und Selbstaufopferung und andererseits einer ängstlichen Stimmung mit misstrauischer Angst, Beziehungs- und hypochondrischen Ideen, akustischen und optischen Halluzinationen, wie Stimmen und Gesichter. Im Verlauf treten Angst und Ekstase in raschem Wechsel auf.

Erregt-gehemmte Verwirrtheitspsychose

Die erregt-gehemmte Verwirrtheitspsychose geht mit einer Denkbeschleunigung mit abschweifender und unzusammenhängender Themenwahl, entsprechendem Rededrang einerseits, einer Denkhemmung mit Ratlosigkeit und Verstummen, ratloser Mimik, Bedeutungs- und Beziehungsideen, Personenverkennen und Halluzinationen auf der anderen Seite einher. Im Verlauf tritt eine affektive Labilität mit ängstlicher und ekstatischer Verstimmung auf.

Akinetisch-hyperkinetische Motilitätspsychose

Die akinetisch-hyperkinetische Motilitätspsychose ist gekennzeichnet von sowohl einer psychomotorischen

Erregung mit vermehrten Ausdrucks- und Reaktivbewegungen als auch einer Unter- bis Unbeweglichkeit, Erstarrung der Psychomotorik, starren, formelhaften, ständig wiederkehrende Bewegungen. Zudem zeigen sich sprachliche Erregung oder Hemmung, sprachliche Wiederholungen von Gedanken und Erlebnissen, eine mäßige affektive Labilität und Halluzinationen.

Die Heilungsaussichten sind günstig. Therapeutisch kommen vor allem hochpotente atypische Neuroleptika, vielleicht Antidepressiva und angstlösende Mittel zum Einsatz. Eine längerfristige Einnahme von Neuroleptika ist in der Regel wegen der kurzen Verläufe nicht notwendig, jedoch sollte eine Phasenprophylaxe mit einem stimmungsstabilisierenden Mittel wie Lithium, Valproat, Carbamazepin oder Lamotrigin überlegt werden.

Schizoaffektive Erkrankungen

Hierbei handelt es sich um episodisch auftretende Beschwerdebilder, bei denen sowohl emotionale als auch schizophreniforme Beschwerden auftreten, die aber weder die Kriterien für eine Schizophrenie noch für eine biochemische Depression oder Manie erfüllen.

Eine schizoaffektive Erkrankung ist eine seelische Erkrankung, welche Symptome der Psychose oder Schizophrenie und bipolaren oder affektiven Erkrankung zeigt, das heißt es treten sowohl emotionale Symptome wie Depression oder Manie als auch psychotische Symptome wie Wahn oder

Halluzinationen auf. Der Verlauf kann phasenhaft sein mit wechselnden Episoden oder auch chronisch mit einem Residualsyndrom (siehe Psychose).

Die Unterscheidung zu den anderen Erkrankungen, Depression, Manie, bipolare Störung oder Psychose oder Schizophrenie kann schwer fallen. Eine schwere Depression kann ebenfalls psychotische Symptome mit sich bringen, wobei aber dann der Wahninhalt zur Depression „passt". Es tritt beispielsweise ein Schuld- oder Verarmungswahn, also ein "unangenehmer" Wahninhalt auf. Die Manie bringt typischerweise einen "angenehmen" Wahninhalt wie einen Größenwahn mit sich. Ein parallel auftretender Verfolgungswahn, Beziehungsideen oder andere eher "bizarr" anmutende Wahnideen würden für das Vorliegen einer schizoaffektiven Störung sprechen. Die Psychose oder Schizophrenie bringt immer auch emotionale Symptome mit sich, jedoch gleichzeitig viel stärker auch eine Beeinträchtigung des Denkens, der Sprache und der Selbstorganisation.

Eine zusätzliche Unterscheidung bringt die Beobachtung mit sich, ob über einen längeren Zeitraum, der nicht eindeutig definiert ist, depressive oder manische Symptome und psychotische Symptome unabhängig voneinander vorliegen. Auch dann kann man von einer schizoaffektiven Störung ausgehen.

Therapeutisch werden die verschiedenen Behandlungsmöglichkeiten der Erkrankungen kombiniert, Antidepressiva, atypische Neuroleptika, ein Mittel zur Prophylaxe von weiteren Episoden wie Lithium, Valproat, Carbamazepin oder Lamotrigin.

Differentialdiagnostisch ist es sinnvoll, schizoaffektive Erkrankungen von Psychosen oder emotionalen Erkrankungen abzugrenzen, weil ihre Prognose nicht so problematisch ist wie bei einer Psychose, jedoch schlechter als bei emotionalen Erkrankungen. Das wiederum bedeutet, dass man dringender als bei emotionalen Erkrankungen, aber weniger dringend als bei psychotischen auf eine Vorbeugung eines Rückfalls, meistens medikamentös, achten sollte.

Emotionale Erkrankungen

Manie

Die Stimmung ist nicht zur Situation passend gehoben und kann zwischen sorgloser Heiterkeit und kaum kontrollierbarer Erregung schwanken. Die gehobene Stimmung ist mit vermehrtem Antrieb und Aktivität verbunden, was zu Überaktivität, Rededrang und vermindertem Schlafbedürfnis einhergeht. Die Aufmerksamkeit kann nicht mehr aufrechterhalten werden. Es kommt zu starker Ablenkbarkeit. Die Selbsteinschätzung ist mit Größenideen und übertriebenem Optimismus weit überhöht. Der Verlust normaler sozialer Hemmungen kann zu einem leichtsinnigen, rücksichtslosen oder in Bezug auf die Umstände unpassenden oder persönlichkeitsfremden Verhalten führen.

Zusätzlich können Wahn, zumeist Größenwahn, oder Halluzinationen auftreten (meistens Stimmen, die unmittelbar zum betroffenen Menschen sprechen). Die Erregung, die ausgeprägte körperliche Aktivität und die

Ideenflucht als formale Denkstörung können so extrem sein, dass der betroffene Mensch nicht mehr zugänglich ist.

Manchmal wird zu viel Geld ausgegeben, manchmal werden zu viele Dinge gleichzeitig begonnen, manchmal wird das Leben an sich „in zu vollen Zügen" genossen. Die Gedanken, die Bewegungen und auch die Wahrnehmungen können stark beschleunigt sein. An und für sich ist, wie man aus der Beschreibung sehen kann, eine manische Episode ein eher angenehmer als unangenehmer Zustand, den selten ein Mensch behandeln lassen will. Das ist auch nachvollziehbar, aber nach der manischen Episode folgen oft depressive Verstimmungen, die auf jeden Fall äußerst unangenehm sind. Außerdem kann die Manie zu Schädigungen führen, beispielsweise zum finanziellen Ruin, zu körperlichen Schäden aufgrund der körperlichen Erschöpfung oder zu sozialen Schwierigkeiten aufgrund der starken Beanspruchung der Umgebung, die nicht so schnell und aktiv ist. Auch beobachtet man verstärkte Aggressivität, die im Rahmen der manischen Episode, zumindest im längeren Verlauf, häufig auftritt.

Die Denkstörungen, wie Denkbeschleunigung und Ideenflucht, werden mit atypischen Neuroleptika behandelt. Eine Akutbehandlung mit Lithium ist möglich. Am wichtigsten sind dämpfende, niedrig potente Neuroleptika wie Zuclopenthixol oder Levomepromazin und eine durchgreifende Stimmungsstabilisierung, beispielsweise mit Lithium, Carbamazepin oder Valproat.

Hypomanie

Es findet sich in dieser „Verstimmung" eine anhaltende, leicht gehobene Stimmung, gesteigerter Antrieb und Aktivität und in der Regel auch ein auffallendes Gefühl von Wohlbefinden und körperlicher und seelischer Leistungsfähigkeit. Gesteigerte Geselligkeit, Gesprächigkeit, übermäßige Vertraulichkeit, gesteigerte Libido und ein vermindertes Schlafbedürfnis sind häufig vorhanden, aber – noch – nicht in dem Ausmaß, dass es zu schwerwiegenden sozialen Schwierigkeiten kommt. Reizbarkeit, Selbstüberschätzung und flegelhaftes Verhalten können aber schon jetzt an die Stelle der euphorischen Geselligkeit treten.

Die Hypomanie ist eine leichte Form der Manie oder auch die Vorstufe einer Manie. Die betroffenen Menschen fühlen sich über mehrere Tage, häufig über mehrere Wochen wohler als sonst, lustiger, manchmal auch gereizter und aggressiver. Das Selbstbewusstsein steigt. Die Leistungsfähigkeit ist subjektiv, häufig auch objektiv, gesteigert. Die betroffenen Menschen fühlen sich außergewöhnlich kreativ, gesund und glauben, besser und schneller denken zu können. Sie brauchen weniger Schlaf, ohne müde zu sein. Es entstehen mehr und mehr Ziele und Pläne, einerseits realistische im Rahmen des gesteigerten Selbstbewusstseins, andererseits unrealistische, die zunehmend zu sozialen Komplikationen führen können.

Bereits bei einer Hypomanie sollte eine Behandlung mit Lithium, atypischen Neuroleptika, Carbamazepin oder Valproinsäure erwogen werden, um den Übergang in das Vollbild einer Manie zu verhindern. Auf jeden Fall sollte der Zustand – so angenehm er für den betroffenen Menschen auch sein mag – genau beobachtet werden.

Typus manicus

Der „Typus manicus" entspricht einem alten psychiatrischen Konzept. Die Eigenschaften des „Typus manicus" finden sich aber, wie beim „Typus melancholicus" und der Depression trotzdem immer wieder und sollen deshalb nicht unerwähnt bleiben, nämlich Unruhe, Risikofreude, Begeisterungsfähigkeit, Großzügigkeit, Vitalität, Selbständigkeit, Originalität und Unkonventionalität. Es handelt sich häufig um aktive, tüchtige, gefühlsbetonte und warmherzige Menschen.

Bipolare affektive Erkrankung

Hierbei handelt es sich um eine Erkrankung, die durch mindestens zwei Episoden charakterisiert ist, in denen die Stimmung und die Aktivität des betroffenen Menschen deutlich gestört sind. Eine dieser Episoden besteht in gehobener Stimmung, vermehrtem Antrieb und Aktivität – Hypomanie oder Manie, die andere in einer Stimmungssenkung und vermindertem Antrieb und Aktivität - Depression.

Die bipolare Erkrankung nannte man früher „manisch-depressive Erkrankung" oder „Zyklothymie". Jeder hundertste Mensch leidet an einer bipolaren Erkrankung. Bei diesen Krankheitsbildern wechseln sich Episoden von Depression und Manie ab. Die

Erkrankung beginnt meistens im Alter zwischen zwanzig und vierzig Jahren. Ursache ist die Instabilität verschiedener Botenstoffsysteme. Von den Verläufen her ist die Erkrankung sehr vielfältig. Es gibt Verläufe, bei denen die depressiven Episoden stark überwiegen, aber auch manische Episoden vereinzelt hinzukommen. In anderen Fällen überwiegen manische Episoden. Manchmal ist es gleichmäßig verteilt. Die Therapie entspricht der Therapie der Depression und der Manie. Depressive Episoden können mit Antidepressiva behandelt werden. Denkstörungen bei einer schweren manischen Episode sollten unter Umständen mit atypischen Neuroleptika behandelt werden, die mittlerweile auch prophylaktisch eingesetzt werden. Bedeutsam ist hierbei die Phasenprophylaxe und Stimmungsstabilisierung. Mögliche Medikamente hierfür sind Lithium, Olanzapin oder Valproat, Lamotrigin oder Carbamazepin. Letztere werden sonst auch gegen Epilepsie eingesetzt. In der Epilepsiebehandlung stabilisieren sie ebenfalls die verschiedenen Botenstoffe, weswegen sie auch bei bipolaren Erkrankungen gut wirksam sind.

Bei diesen Erkrankungen ist es von besonderer Bedeutung, das Selbstverständnis und die Selbstakzeptanz der betroffenen Menschen zu unterstützen und zu verbessern. Es ist auch zu berücksichtigen, dass das Erleben der betroffenen Menschen häufig die meiste Zeit ihrer Erinnerungsspanne von einem steten "Gefühls-Auf- und-Ab" gekennzeichnet ist, und dass sie eine zu massive Stimmungsstabilisierung als "Festgenagelt- werden" empfinden. Dem hingegen gilt es für die betroffenen Menschen einzusehen, dass immer wiederkehrende depressive, aber vor allem manische Episoden, die Konzentration, Aufmerksamkeit und Auffassung über die Jahrzehnte verschlechtern und hier unbehandelt eine schlechte Prognose verursachen.

Rapid cycling

„Rapid cycling" ist eine Sonderform der bipolaren Erkrankung, bei der gesunde, manische und depressive Episoden manchmal täglich wechseln, mindestens aber viermal jährlich. Hier ist die Therapie der ersten Wahl Carbamazepin oder Lamotrigin.

Zyklothymia

Bei der Zyklothymia handelt es sich um eine andauernde Instabilität der Stimmung mit zahlreichen Perioden von Depression und leicht gehobener Stimmung, Hypomanie, von denen aber keine so schwer ist, dass sie die Kriterien der bipolaren affektiven Erkrankung erfüllt.

Depression

Jeder vierte Mensch leidet einmal im Leben unter einer Depression. Damit ist sie so häufig wie Bluthochdruck.

Jeder Mensch erlebt Phasen oder Momente, in denen er unter Traurigkeit oder Einsamkeit leidet. Diese Phasen im Leben sind normal, wenn nicht sogar notwendig. Wenn eine traurige Phase, in der das Leben vom Betroffenen nicht mehr aus einer gesunden Perspektive wahrgenommen werden kann, über

Wochen oder sogar länger anhält, ohne sich aus dem Tief herauszubewegen, kann eine Depression vorliegen.

Die Diagnose einer Depression beruht auf den Symptomen, die ein Mensch schildert und dem Eindruck, der von der seelischen Verfassung gewonnen wird. Eine Depression wird unter anderem an einer gedrückten Stimmung, Gefühl- und Freudlosigkeit sowie einer Verminderung des Antriebs erkannt. Darüber hinaus gibt es bei einer Depression häufig die Neigung zu grübeln und dazu, sich elend oder zerschlagen zu fühlen. Es fällt zunehmend schwer, Entscheidungen zu treffen. Weiterhin treten Konzentrationsschwierigkeiten, Verunsicherung, Verlust des Selbstwertgefühls, Schuldgefühle und Selbstvorwürfe, Appetitlosigkeit und Gewichtsabnahme, Verlust des Interesses an Dingen, die früher Spaß machten, Müdigkeit auch nach kleinen Anstrengungen, Ein- und vor allem Durchschlafstörungen sowie häufig Zweifel am Sinn des Lebens auf. Es kann auch zu körperlichen Beschwerden kommen, besonders zu Kopf- und Rückenschmerzen, Herzrasen, Tinnitus, Schwindel, Magen- und Darm- sowie Atembeschwerden.

Wichtig ist, dass es sich bei dieser seelischen Verfassung um eine Erkrankung handelt, die gut zu behandeln ist. Depressionen lassen sich heute sehr gut behandeln - insbesondere wegen der großen Fortschritte der medikamentösen Therapie. Die Wahrscheinlichkeit, dass eine Depression nicht spürbar gebessert werden kann, geht gegen Null.

Ganz besonders wichtig ist aber, dass der betroffene Mensch erkennt, dass er erkrankt ist, dass er sich auf die Behandlung einlässt und bereit ist, aktiv etwas für die persönliche Genesung zu tun.

Depressionen zählen zu den häufigsten Erkrankungen der Welt. Depressionen sind aber keine Zivilisations- oder Wohlstandserkrankung. Menschen aus allen Kulturkreisen, Nationen, Bildungs- und Gesellschaftsschichten erkranken daran – und zwar schon seit Beginn der Geschichtsschreibung. Frauen sind allerdings doppelt so häufig betroffen wie Männer. Besonders im Lebensalter zwischen 25 und 45 Jahren treten gehäuft Depressionen auf.

Die moderne Medizin geht heute davon aus, dass es eine Reihe von untereinander zusammen wirkenden Ursachen für die Entstehung der Depression gibt. Hierzu zählen erbliche Veranlagung, neurobiologische Faktoren des Hirnstoffwechsels, Umweltfaktoren, lebensgeschichtliche Faktoren und toxischer Stress. Erfahrungen von toxischem Stress, die ein Mensch im Laufe seines Lebens gemacht hat und macht, werden entsprechend "abgespeichert". Zu einem späteren Zeitpunkt kann die gespeicherte Erfahrung durch ähnliche Situationen aus dem Unterbewusstsein abgerufen werden und eine Depression auslösen. Es gibt letzten Endes unendlich viele Möglichkeiten von auslösenden Faktoren im sozialen Umfeld. Weil es sich häufig um eine Kombination unterschiedlich gewichteter Faktoren handelt, ist eine Depressionsbehandlung immer ein individuelles Therapiekonzept.

Es gibt außerdem einige Erkrankungen, wie Erkrankungen der Schilddrüse, die Parkinson-Erkrankung oder Vitamin-D-Mangel, in deren Folge auch Depressionen ausgelöst werden können. In diesen Fällen werden die behandelnden Ärzte zuerst bemüht sein, zunächst die Haupterkrankung wirkungsvoll zu therapieren.

Die Depression lässt sich sowohl mit psychotherapeutischen Methoden als mit Medikamenten behandeln. Am besten wird eine Kombination beider Verfahren eingesetzt. Eine sinnvolle Psychotherapie setzt beim betroffenen Menschen allerdings eine aktive Mitarbeit voraus. Abhängig vom Schweregrad der Depression kann das therapeutische Gespräch häufig erst nach einer Vorbehandlung mit einem antidepressiv wirkenden Medikament eingesetzt werden. Welches psychotherapeutische Verfahren für den Einzelnen sinnvoll ist, wird gemeinsam mit dem behandelnden Arzt besprochen.

Zahlreiche Menschen, die unter einer Depression leiden, lehnen die Einnahme von Medikamenten - prinzipiell - ab. Sie versprechen sich ausschließlich von psychotherapeutischen Verfahren Besserung. In vielen Fällen schafft aber erst die Einnahme eines antidepressiv wirkenden Medikamentes die notwendige Voraussetzung. Denn unter einer medikamentösen Therapie erlangen Patienten zum Teil erst wieder die dafür notwendige seelische Belastbarkeit, die gebraucht wird, um sinnvoll therapeutisch mitarbeiten zu können.

Jede Erkrankung kann in aller Regel auf bestimmte Ursachen zurückgeführt werden. Bei der Zuckerkrankheit – Diabetes - liegt zum Beispiel die Ursache in einer verminderten oder fehlenden Produktion des Hormons Insulin in der Bauchspeicheldrüse vor.

Als gesichert gilt, dass bei der Depression dauerhaft erhöhte Stresshormone – Adrenalin und körpereigenes Cortisol – zu lange auf das Gehirn einwirken und in der Folge bestimmte Botenstoffe absinken, wie Serotonin, Noradrenalin und Dopamin. Fehlt Serotonin fühlt sich der Mensch weniger belastbar, sieht alles grau in grau, jedes Problem türmt sich vor ihm wie ein Riesenberg auf. Fehlt Noradrenalin, dann fehlen der Schwung und die Kraft. Fehlt Dopamin, das am Haupt-Belohnungssystem des Menschen beteiligt ist, kann man sich nicht mehr richtig freuen und verliert Spaß und Interesse an den Dingen, die man vorher mochte.

Doch es kommt nicht allein auf die Spiegel der Botenstoffe an. Sinken die Spiegel, reagiert die Empfangszelle mit einer Vermehrung von Empfangsstellen, um „ihre Netze zu erweitern" und trotzdem weiter genug Botenstoffe zu erhalten. Handelt es sich um eine vorübergehende Schwankung, ist dies genau der richtige Ausgleichsmechanismus. Doch sind die Botenstoffe dauerhaft gesunken, bildet die Empfangszelle immer mehr Empfangsstellen und das Angebot pro Empfangsstelle verschlechtert sich trotzdem immer weiter. Wissenschaftlich nachgewiesen wurde, dass mit dieser überschießenden Vermehrung von Empfangsstellen an der Empfangszelle die typische Depression einhergeht.

Heute steht eine Reihe von Medikamenten zur Verfügung, die diese Botenstoffe wieder in ein Gleichgewicht bringen und sich bei der Behandlung der Depression als besonders wirksam erwiesen haben. Keines der so genannten Antidepressiva macht süchtig oder verursacht eine Veränderung der Persönlichkeit. Im Gegensatz zu Beruhigungsmittel, die durchaus süchtig machen, aber sofort eine Wirkung entfalten, benötigen Antidepressiva zwei bis sechs Wochen bis ein therapeutischer Effekt festgestellt werden kann. Dies sollte unbedingt beachtet werden und nicht wegen - noch - ausbleibender Wirkung das Medikament enttäuscht nach wenigen Tagen abgesetzt werden.

Die Medikamente reduzieren den Abbau der besprochenen Botenstoffe, Serotonin, Noradrenalin und Dopamin. Dadurch steigen deren Spiegel am ersten Tag der Einnahme wieder rasch an. Dies kann Nebenwirkungen je nach Medikament wie Schwindel oder Übelkeit oder Müdigkeit verursachen. Da die Spiegel dann wieder im normalen Bereich bleiben, nehmen die Nebenwirkungen innerhalb der folgenden Tage rasch ab. Meistens werden die Medikamente auch langsam höher dosiert, um dadurch die Nebenwirkungen zu vermindern. Auch dann braucht die Empfangszelle noch Zeit, zu merken, dass jetzt wieder genug Botenstoffe vorhanden sind, um dann in der Folge die überschüssigen Empfangsstellen – mit denen die Depression einhergeht – zu vermindern. Dies dauert zwei bis vier bis sechs Wochen. Dann beginnt man die Wirkung des Mittels und dessen heilenden Effekt zu spüren.

Damit das Medikament optimal wirken kann, ist es wichtig, dass dieses in der verordneten Dosis regelmäßig eingenommen wird. Es ist entscheidend für den Behandlungserfolg, dass das Medikament täglich eingenommen und keine Einnahme ausgelassen wird. Oft ist es dann nötig, das Arzneimittel über mehrere Monate weiter einzunehmen, um Rückfällen vorzubeugen.

Typus melancholicus

Der „Typus melancholicus" entspricht einem alten psychiatrischen Konzept, das heute kritisch betrachtet wird. Trotzdem fällt immer noch auf, dass die Eigenschaften des „Typus melancholicus", nämlich Beharrlichkeit, Ausdauer, Besonnenheit, Gewissenhaftigkeit, Pflichtbewusstsein und Perfektionismus, häufig im Vorfeld einer Depression auffallen. Es handelt sich meistens um aktive, tüchtige und warmherzige Menschen.

Winterdepression = Saisonal abhängige Depression

Eine Sonderform der Depression ist die saisonal abhängige Depression. Depressionen können zu jeder Zeit im Jahr auftreten, schwere Depressionen treten gehäuft im Frühjahr und im Herbst auf. Treten Depressionen jedoch immer wieder innerhalb eines bestimmten Zeitraums im Jahr auf - manche Menschen können auf die Woche genau sagen, wann - spricht man von einer saisonal abhängigen Depression.

Wichtig ist die Unterscheidung zur "Winterdepression", der saisonal abhängigen Depression im engeren Sinne, bei der die betroffenen Menschen stets in der lichtarmen Jahreszeit erkranken. Frühe Vorzeichen treten im September und Oktober auf, das Vollbild entwickelt sich am häufigsten im Januar und Februar. Sie werden symptomfrei und haben manchmal sogar hypomane Phasen in der Sommerzeit frühestens im Mai, häufig im Juli.

Typische Symptome der saisonal abhängigen Depression sind weniger die depressive Stimmung, sondern eher Lustlosigkeit, Müdigkeit, Lethargie, vermehrter Schlaf, vermehrtes Essen und Heißhunger nach Kohlenhydraten. Häufig sind die Winterdepressionen eher mittelschwer. Neben Antidepressiva, wie insbesondere Fluoxetin, ist vor allem die Lichttherapie gut wirksam.

Dysthymia

Hierbei handelt es sich um eine dauerhafte, jahrelange depressive Verstimmung, die nicht so schwer ist, dass sie die Kriterien einer Depression erfüllt.

Auch die Dysthymia ist eine Sonderform der Depression. Hierbei handelt es sich um eine anhaltende depressive Stimmung, die meist jahrelang besteht und bei der einzelne Episoden, wenn überhaupt, dann nur selten und in leichter Ausprägung auftreten. In der Regel handelt es sich um leichte, primär chronische Verlaufsformen einer Depression, vielleicht auch deshalb, weil sich die betroffenen Menschen wegen der eher leichten Ausprägung erst sehr spät in Behandlung begeben.

Angsterkrankungen

Jeder zehnte Mensch leidet unter einer Angsterkrankung. Die gleiche Häufigkeit kennzeichnet den Diabetes mellitus.

Angsterkrankungen bringen durch den dauerhaften Stress, der auf das Nervensystem ausgeübt wird, häufig eine Depression mit sich.

Phobien

Phobien sind Erkrankungen, bei denen die Angst überwiegend durch eindeutig definierte, eigentlich ungefährliche Situationen hervorgerufen wird. In der Folge werden diese Auslöser typischerweise vermieden oder mit Furcht ertragen.

Agoraphobie (mit und ohne Panikattacken)

Menschen mit Agoraphobie leiden unter der Angst, etwas Katastrophales könnte jenseits des "sicheren Punktes" passieren und sie würden in der Folge keine Hilfe bekommen, keine Unterstützung finden. Früher definierte die Agoraphobie die Angst vor "weiten Plätzen". Der betroffene Mensch versucht, stets in der Nähe von seinem "sicheren Punkt", meist zu Hause oder einer Bezugsperson, zu bleiben. Häufig ist die Agoraphobie mit Panikattacken gekoppelt. Ist sie es nicht, äußern sich die Ängste typischerweise körperlich, häufig mit Magen-Darm- oder Herzbeschwerden.

Therapeutisch sind Antidepressiva, welche tendenziell hoch und lange dosiert werden sollten, wie Citalopram,

Escitalopram, Venlafaxin oder Paroxetin, Ruheübungen, Psychotherapie, Kunsttherapie und Hypnotherapie von wesentlicher Bedeutung.

Soziale Phobie

Menschen mit Soziophobie leiden unter der Angst, etwas katastrophal Peinliches könnte passieren. Die betroffenen Menschen haben Furcht vor der prüfenden Betrachtung durch andere Menschen, vor allem in eher kleinen, überschaubaren Gruppen, weniger in Menschenmengen. Die Angst zentriert sich auf bestimmte soziale Situationen, welche vermieden werden. Es handelt sich häufig um Situationen wie Essen oder Sprechen in der Öffentlichkeit oder Treffen mit anderen Menschen. Die Angst kann aber auch unbestimmt sein und in fast allen sozialen Situationen auftreten – abgesehen von der Gesellschaft ganz besonders vertrauter Personen. Häufig basieren die Ängste auf einem niedrigen Selbstwertgefühl und der Furcht vor Kritik. Als Symptome können Erröten, Vermeiden von Blickkontakt, Zittern, Herzrasen, Durchfall, Übelkeit oder Drang zum Wasserlassen auftreten. Die Beschwerden können sich bis zu Panikattacken verschlimmern. Ein ausgeprägtes Vermeidungsverhalten kann zur sozialen Isolation führen. Jeder achte Mensch leidet unter einer Soziophobie.

Therapeutisch sind Antidepressiva wie Sertralin, Fluoxetin, Citalopram, Moclobemid, Mirtazapin und Venlafaxin sowie Entspannungsverfahren und Psychotherapie von wesentlicher Bedeutung. Die Medikamente sollten auch nach der Besserung der

Beschwerden noch über einen längeren Zeitraum eingenommen werden, um einen Rückfall zu vermeiden. Für besonders belastende Situationen ist häufig die Einnahme von Benzodiazepinen nicht zu vermeiden, wobei hier stets das Abhängigkeitspotential im Auge behalten werden sollte.

Klaustrophobie

Menschen mit Klaustrophobie leiden unter der Angst, in einer katastrophalen Situation nicht heraus zu kommen, sich nicht selbst retten zu können.

Therapeutisch sind Citalopram, Escitalopram, Paroxetin und Venlafaxin sowie Entspannungsverfahren, Psychotherapie, Sporttherapie, Kunsttherapie und Hypnotherapie von wesentlicher Bedeutung.

Zur Unterscheidung der drei Hauptangsterkrankungen kann man sich eine Partyszene vorstellen. Ein Mensch mit Agoraphobie wird, wenn überhaupt, an der Seite seiner Bezugsperson - als "sicherem Punkt" - auf der Party zu finden sein. Ein Mensch mit Soziophobie wird ganz hinten in einer Ecke sitzen, um nicht aufzufallen. Und ein Mensch mit Klaustrophobie wird sich in der Nähe der Tür aufhalten, um im Falle einer Katastrophe schnellstmöglich fliehen zu können.

Generalisierte Angsterkrankung

Eine „generalisierte" Angsterkrankung bedeutet ein stetes Gefühl von Unsicherheit, Ängstlichkeit und Besorgnis, welche sich manchmal zu Panikattacken steigern kann.

Zwangserkrankungen

Jeder fünfzigste Mensch leidet unter einer Zwangserkrankung. Die betroffenen Menschen müssen gegen ihren Willen und entgegen ihrer vernünftigen und emotionalen Überzeugung Gedanken denken, die sie selbst als ungehörig oder aggressiv empfinden, so genannte „Zwangsgedanken", sich unangenehme, furchteinflößende Dinge vorstellen, so genannte „Zwangsbefürchtungen", Impulse empfinden, Dinge auszuführen, die sie selbst ungehörig oder aggressiv finden, so genannte „Zwangsimpulse", die aber niemals ausgeführt werden, oder zwanghaft Handlungen ausführen, so genannte „Zwangshandlungen". Im fortgeschrittenen Stadium werden diese verschiedenen Phänomene zu Zwangsritualen systematisiert. Umschriebene Denk- und Handlungsabläufe müssen in einer festgelegten Reihenfolge oder nach einem bestimmten Schema - teilweise stundenlang - wiederholt werden.

Wird den verschiedenen Zwangsphänomen nicht nachgekommen, entstehen schwerste Anspannung und extreme Ängste, so dass die betroffenen Menschen zur Vermeidung der Ängste schließlich trotz gegenteiliger innerer Überzeugung die Gedanken denken, sich die Befürchtungen vorstellen, die Handlungen ausführen oder die Impulse empfinden, die Zwangsimpulse jedoch niemals ausführen. Häufig entstehen also zusätzlich Phobien. Neben Furcht und Angst sind Depressionen die häufigste Komplikation von Zwangserkrankungen.

Ursächlich sind wahrscheinlich genetische, angelernte und neurobiologische Faktoren.

Verhaltenstherapeutische Techniken sind in der Behandlung der Störung erfolgreich. Unter medikamentöser Behandlung und Verhaltenstherapie ist eine Besserung der Beschwerden und eine Besserung des Verlaufs in etwas mehr als der Hälfte der Fälle zu erwarten. Medikamentös gehören zu den Medikamenten der ersten Wahl Clomipramin, Citalopram, Fluoxetin, Fluvoxamin und Sertralin, wobei bei der Zwangserkrankung tendenziell hoch dosiert und lange behandelt werden sollte.

Somatoforme Erkrankungen

Wenn nun aber körperliche und seelische Beschwerden, Ursachen und Auswirkungen ohnehin immer zusammenhängen, was bedeuten dann so genannte „somatoforme Störungen", in deren Beschreibung das wiederholte Erleben „körperlicher" Beschwerden ohne entsprechende „körperliche" Ursache vorkommt? Dieses eine Kriterium wäre tatsächlich keine Besonderheit, sondern gehört beispielsweise bei Trauma-Folge-Erkrankungen oder Depressionen genauso zur Beschreibung. Charakteristisch ist bei somatoformen Störungen aber die hartnäckige, immer wiederkehrende Forderung nach noch mehr körperlich-medizinischen Untersuchungen und Eingriffen trotz bereits mehrfachen Hinweisen der Ärzte auf die körperlich-seelische Wechselwirkung. Geradezu typisch ist also das Beharren des betroffenen Menschen auf eine „rein körperliche" Ursache mit Weigerung des Einräumens einer seelischen Beteiligung. Zusätzlich treten auch soziale Schwierigkeiten auf, die durch ein

Vermeidungsverhalten und die Konzentration auf die vermeintliche „rein körperliche" Erkrankung entstehen.

Somatisierungsstörung

Zur Somatisierungsstörung gehören viele wechselnde, körperliche Beschwerden, bei denen auf eine „rein körperliche" Ursache und immer weitere „körperliche" Untersuchungen und Maßnahmen bestanden wird. Früher wurde diese Erkrankung „psychogene Körperstörung" genannt. Wesentlich ist die Konzentration auf diese Beschwerden und die Suche nach der „rein körperlichen" Ursache, die zum Lebensinhalt zu werden scheint. Sie beeinträchtigt fast alle sozialen Aktivitäten mit dem Argument, dass diese zwar gewünscht, aber körperlich nicht möglich seien.

Hypochondrische Störung

Die hypochondrische Störung ist die beharrliche und fast ausschließliche seelische und gedankliche Beschäftigung mit der Sicherheit, eine wiederum „rein körperliche" Erkrankung zu haben und dem Wunsch nach immer weiteren „körperlichen" Untersuchungen und Maßnahmen. Oft fällt hier eine Nähe zum Wahn mit unkorrigierbarer Gewissheit auf. Die betroffenen Menschen sind fest überzeugt, an einer schweren Krankheit zu leiden.

Dysmorphophobe Störung

Bei der dysmorphophoben Störung handelt es sich um die beharrliche Beschäftigung mit der Sicherheit, körperlich entstellt zu sein und dem Wunsch nach immer weiteren „körperlichen" Untersuchungen und Maßnahmen. Oft fällt hier eine Nähe zum Wahn mit unkorrigierbarer Gewissheit auf. Die betroffenen Menschen sind fest überzeugt, körperlich entstellt zu sein.

Somatoforme autonome Funktionsstörung

Bei der somatoformen autonomen Funktionsstörungen handelt es sich um viele, wechselnde Beschwerden des vegetativen Nervensystems und wiederum der Überzeugung, es könnte nur eine „rein körperliche" Ursache bestehen sowie dem Wunsch nach immer weiteren „körperlichen" Untersuchungen und Maßnahmen. Früher wurde diese Erkrankung psychovegetatives Syndrom genannt. Mögliche Beschwerden sind Bauchschmerzen, Übelkeit, Erbrechen, Durchfall, Atemlosigkeit, Herzrasen, Herzschmerzen oder Kreislaufbeschwerden und ähnliches.

Somatoforme Schmerzstörung

Bei der somatoformen Schmerzstörung handelt es sich um anhaltenden schweren Schmerz und der Überzeugung einer „rein körperlichen" Ursache sowie dem Wunsch nach immer weiteren „körperliche" Untersuchungen und Maßnahmen.

Die betroffenen Menschen können die Aufmerksamkeit kaum auf andere Sachverhalte lenken, so dass die Suche nach Ursache und Behandlung der Schmerzen zum Lebensinhalt zu werden scheinen. Dies führt zu Schwierigkeiten mit fast allen anderen sozialen

Aktivitäten mit dem Argument, dass diese zwar erwünscht, aber körperlich nicht möglich seien. Der „rein körperliche" Schmerz wird als alleinige Ursache der allgemeinen Leistungsminderung angegeben.

Für die Behandlung steht somit im Vordergrund, dass die Menschen lernen, dass sich seelische und körperliche Prozesse stets wechselseitig beeinflussen. Die richtige - und vollständige - Diagnostik soll zum richtigen Zeitpunkt eingesetzt - und abgeschlossen - werden. Dann kommen die Psychotherapie, Entspannungsverfahren und verschiedene psychopharmakologische Ansätze wie Antidepressiva und auch Neuroleptika in Betracht. Von großer Bedeutung ist auch parallel verlaufende Erkrankungen wie Depressionen und Angsterkrankungen zu erkennen und zu behandeln.

Ess-Störungen

Anorexia nervosa

Jeder fünfzigste Mensch leidet unter einer Anorexia nervosa, einer so genannten "Magersucht". Wesentliche Kennzeichen sind die Gewichtsabnahme und die - häufig vor anderen nicht eingestandene Furcht - zu dick zu sein. Auffallend sind eine Änderung des Essverhaltens mit dem Ziel, Gewicht zu verlieren oder ein bereits niedriges Körpergewicht zu behalten, ein häufig deutlicher Gewichtsverlust sowie eine ständige Beschäftigung mit und die Kontrolle von Gewicht und Aussehen. Neben der ständigen Esskontrolle wird häufig exzessiv Sport betrieben. Die

Betroffenen behalten wenigstens am Anfang ihr Hungergefühl. Das Aushalten des Hungers wirkt oft selbstbestätigend und euphorisierend. Zusätzlich drängt sich oft die Befürchtung, dick zu sein oder zu werden ungewollt zwanghaft auf und das Hungern wirkt dabei spannungsreduzierend. Hinzukommend entwickelt sich eine so genannte "Körper-Schema-Störung", das heißt, dass sich der Blick auf den eigenen Körper tatsächlich verändert und die betroffenen Menschen sich für immer dicker anstatt für immer dünner halten.

Traditionell wird die Anorexie im Zusammenhang mit einem Abhängigkeits-Autonomiekonflikt verstanden. Daneben wirkt das Fasten euphorisierend und spannungsreduzierend und somit auch suchtauslösend. Im Weiteren kennt man systemische, neurobiologische und genetische Faktoren, die ebenfalls von Bedeutung sind.

Therapeutisch sind stationäre Therapiekonzepte von Bedeutung. Eine ambulante Behandlung ist nur erfolgsversprechend bei einem Körpergewicht von mehr als dreißig Prozent des Ausgangsgewichtes, welches häufig nicht vorliegt. Bewährt haben sich verhaltenstherapeutische, gruppen- und familientherapeutische Konzepte sowie auch eine medikamentöse Behandlung mit selektiven Serotonin-Wiederaufnahmehemmern, besonders Fluoxetin und Fluvoxamin.

Bulimia nervosa

Jeder dreißigste Mensch leidet unter einer Bulimia nervosa. Es treten häufige Episoden von Essattacken auf, bei denen große Mengen Nahrung in sehr kurzer Zeit konsumiert werden. Es besteht eine andauernde Beschäftigung mit dem Essen und eine unwiderstehliche Gier zu essen. Die betroffenen Menschen versuchen, dem dickmachenden Effekt des Essens durch verschiedene Verhaltensweisen entgegenzusteuern, wie selbst ausgelöstes Erbrechen, Missbrauch von Abführmitteln, zeitweilige Hungerperioden, Missbrauch von Appetitzüglern, Schilddrüsenpräparaten und Entwässerungsmitteln. Sie nehmen sich selbst als zu dick wahr und leiden unter der sich aufdrängenden Furcht, zu dick zu werden. Folgen sind vielfältige Anzeichen für Mangelernährung und Schäden durch das häufige Erbrechen.

Therapeutisch wichtig sind psychotherapeutische Verfahren sowie eine medikamentöse Behandlung mit selektiven Serotonin-Wiederaufnahmehemmern, besonders Fluoxetin und Fluvoxamin.

Binge Eating Disorder

Binge Eating Disorder ist eine Ess-Störung, bei der es zu periodischen Heißhungeranfällen – Essanfällen – mit Verlust der bewussten Kontrolle über das Essverhalten kommt. Im Gegensatz zur Bulimie ergreifen die Betroffenen keine Maßnahmen wie Erbrechen, Abführen oder exzessives sportliches Training, so dass längerfristig meist Übergewicht die Folge ist. Die Essanfälle werden nicht durch starken Hunger ausgelöst. Es wird extrem hastig geschlungen bis zu einem starken Völlegefühl. Ein Sättigungsgefühl geht verloren. Nach dem Essanfall treten Schuld- und Schamgefühle bis hin zu Depressionen auf. Häufig werden fettreiche und süße Lebensmittel gegessen, die viele Kalorien enthalten. Ausgelöst werden die Essanfälle vorwiegend seelisch durch unangenehme Gefühle wie Stress oder Langeweile. Gerade im Zusammenhang hiermit ist auch an die Zuckersucht zu denken.

Therapeutisch wichtig sind psychotherapeutische Verfahren sowie eine medikamentöse Behandlung mit SSRI, besonders Fluoxetin und Fluvoxamin.

Night Eating Syndrome

Das Night-Eating Syndrome ist eine Ess-Störung, die noch nicht zu den „offiziellen" Diagnosen gehört. Hierbei handelt es sich um nächtliche Heißhungeranfälle – ohne Maßnahmen zur Gewichtsreduktion. Wahrscheinlich leiden zwei Prozent der Bevölkerung unter Essanfällen – auch Binge Eating Disorder – und sind dadurch wesentlich beeinträchtigt und entwickeln Leiden. Mehr als fünf Prozent aller Menschen, die eine Hilfe bei Übergewicht suchen, berichten über eine derartige Problematik. Es ist weit mehr als eine schlechte Angewohnheit oder fehlender Wille, sondern ein Anzeichen seelischer Beschwerden. Das Night Eating Syndrome scheint eine stressabhängige Störung des Essens, Schlafens und der Stimmung zu sein, die mit Botenstoffschwankungen des Zentralnervensystems in Zusammenhang steht und typischen tageszeitlichen Schwankungen folgt.

Therapeutisch wichtig sind die Psychotherapie, eine medikamentöse Behandlung mit SSRI, vor allem Fluoxetin und Fluvoxamin, und die Lichttherapie.

Körperliche Erkrankungen mit seelischen Beschwerden

Natürlich können auch körperliche Erkrankungen toxischen Stress auslösen. Wer daran denkt, wie Menschen etwa nach einer Krebsdiagnose (Angenedt et al. 2007, Homberg 2005, Tschuschke 2005) von ihren medizinischen Behandlern häufig genötigt werden, sofort und möglichst ohne nachzudenken allen, auch gravierenden chirurgischen Eingriffen plus Chemotherapie und Bestrahlung zuzustimmen, kann sich unschwer vorstellen, wie sehr die Menschen geschockt sein können.

Nicht nur, dass die betroffenen Menschen eine schwere Erkrankung haben, sie werden auch rasch in ein wenig menschenfreundliches medizinisches Procedere hineingesogen, das ihnen kaum Zeit lässt, einen klaren Gedanken zu fassen. Häufig reagieren Ärzte mit extremem Druck auf die Menschen, sobald diese eine gravierende Diagnose erhalten haben. Hilflosigkeit, Ohnmachtsgefühl und Verletzungen - somit also toxischer Stress - sind die Folge.

Krebs

Krebs bezeichnet eine bösartige Neubildung des Gewebes. Mit „bösartig" ist gemeint, dass gesundes

Gewebe von den überschießend neu gebildeten Zellen zerstört wird, und dass diese Neubildungen „Zweigstellen", die Metastasen, bilden.

Hierbei handelt es sich um eine vorwiegend körperliche Erkrankung, bei der viele betroffene Menschen seelischer Unterstützung bedürfen, wodurch auch diese in das „psychosomatische" Behandlungsfeld fällt. Die Diagnose wird von den meisten Menschen als Schock erlebt und die betroffenen Menschen befinden sich in einer Ausnahmesituation. Anzeichen für die hohe Belastung können Stimmungsschwankungen, aber auch Schlafstörungen oder Konzentrationsprobleme sein. Seelische Beschwerden können nicht nur unmittelbar nach der Diagnosestellung, sondern auch später, häufig nach etwa einem Jahr, auftreten. Die „Psychoonkologie" zielt vor allem darauf ab, die Belastungen der Menschen mit Krebserkrankung zu lindern, die durch die Krankheit und die Behandlung entstehen. Es gibt keine „richtige" oder „ideale" Art des Umgangs mit der Erkrankung, sondern Ziel ist es, jeden betroffenen Menschen darin zu unterstützen, den eigenen Weg der Bewältigung zu finden. Das Gespräch soll Zeit und Raum bieten, offen über aktuelle Gedanken und Gefühle zu sprechen. Neben den Hilfen zum Umgang mit der Erkrankungssituation geht es auch um die Informationsvermittlung zu der Tumorerkrankung, Hilfe bei sozialrechtlichen Fragen, beispielsweise zur finanziellen oder beruflichen Situation.

Die Psychotherapie geht darüber hinaus und kann helfen, wenn die seelische Belastung durch die Erkrankung sehr ausgeprägt ist oder lange andauert.

Häufig steht der Umgang mit der aktuellen Krankheitssituation im Vordergrund, wie mit dem Schock der Diagnose umgegangen werden kann, wie sich den Angehörigen gegenüber verhalten werden kann, was den Freunden, Kollegen oder Nachbarn gesagt werden kann. Wichtig ist auch die Frage, wie die Chemo- oder Strahlentherapie überstanden werden kann, wie der Alltag mit dem körperlichen Leiden gestaltet werden kann oder wie für Unterstützung gesorgt werden kann. Weitergehende Themen sind vielleicht der Umgang mit Ängsten, deprimierten Stimmungsphasen oder sogar die Neuorientierung in grundsätzlichen Lebensfragen. Ziel ist es, das Leben mit und nach einer Krebserkrankung besser zu bewältigen. Die Menschen werden dabei unterstützt, neue und alte Lebensprobleme zu bearbeiten.

Als hilfreich haben sich Entspannungsverfahren erwiesen. Manchen Menschen fallen die Verfahren, die eine „Ruhigstellung" mit sich bringen, eher schwer und profitieren sehr von Bewegung wie bei der Sporttherapie oder Gymnastik. Auch die Kunsttherapie und körperorientierte Ansätze wie Yoga sollen sehr nützlich sein. Zusammenfassend spricht man von „Mind-Body-Interventionen", was im Grunde genommen wiederum eine, Körper, Geist und Seele umfassende Behandlung bedeutet. Diese Maßnahmen sollen die betroffenen Menschen insbesondere beim Umgang mit den belastenden Gefühlen und bei der Verarbeitung der Erkrankung unterstützen.

Herzerkrankungen

Die Fachgesellschaft deutscher Herzchirurgen weist auf die Wichtigkeit und den Nutzen psychiatrischer und psychotherapeutischer Behandlung herzkranker Menschen hin. Verschiedene medizinische Studien bestätigen, dass die Genesung nicht nur von der medizinischen Leistung der Behandler, sondern besonders auch von der seelischen Betreuung des betroffenen Menschen abhängt. Vor allem Menschen mit Herzerkrankungen unter fünfundfünfzig Jahren und mit geringer sozialer Unterstützung würden ein vermehrtes Auftreten von Ängsten und Depressionen sowohl vor als auch nach Herzoperationen zeigen. Bis zu fünfundzwanzig Prozent der Menschen, die sich auf der Warteliste für Organtransplantationen befänden, würden unter Depressionen leiden. Die Wahrscheinlichkeit einer depressiven Verstimmung nach einer Herztransplantation liege bei zwanzig Prozent.

Schlaganfälle

Nach Schlaganfällen sind gerade Depressionen so typisch, dass der Begriff „Post-Stroke-Depression" entwickelt wurde. Nach einem Schlaganfall drohen nicht nur Depressionen, sondern auch Angsterkrankungen und andere seelische Verstimmungen. Zehn bis fünfzig Prozent der Menschen mit einem Schlaganfall erkranken an einer Depression. Als Risiko-Faktoren werden einerseits die körperliche, andererseits die intellektuelle Beeinträchtigung durch den Schlaganfall sowie die

Schwere des Schlaganfalls an sich betrachtet. Ursächlich sind die verschiedenen Belastungen durch den Schlaganfall, der toxische Stress, aber auch die Irritation der Botenstoffsysteme wie bei der reinen Depressionserkrankung.

Die Behandlung sollte wie bei der reinen Depressionserkrankung auch mit Antidepressiva erfolgen, die allerdings in diesem Fall schon im Vorfeld zu Beginn der depressiven Entwicklung empfohlen werden. Geraten wird, die moderneren Selektiven-Serotonin-Wiederaufnahmehemmer oder Serotonin-Noradrenalin-Dopamin-Wiederaufnahmehemmer einzusetzen, da gerade Menschen nach Schlaganfällen mehr Nebenwirkungen entwickeln.

Trauma-Folge-Erkrankungen

Kennzeichnend für jedes Trauma ist, dass der Betroffene sich zum traumatisierenden Zeitpunkt oder in der traumatisierenden Phase schutzlos ausgeliefert, ohnmächtig fühlte und keine Möglichkeit sah, Zuflucht zu irgendeinem Schutzbereich zu nehmen.

Das toxisch belastete Ich entwickelt in der Folge zwei gesonderte Anteile, nämlich einmal das Funktions-Ich und zum zweiten das Schmerz-Ich, die zum Schutz vor den überwältigenden Gefühlen kaum noch Kontakt zu einander haben. Dies ist in der toxischen Belastungssituation (über)lebensnotwendig. Das Funktions-Ich funktioniert weiter, während das Schmerz-Ich - getrennt davon - in den verletzten Gefühlen, Gedanken und Körperwahrnehmungen "hängen bleibt".

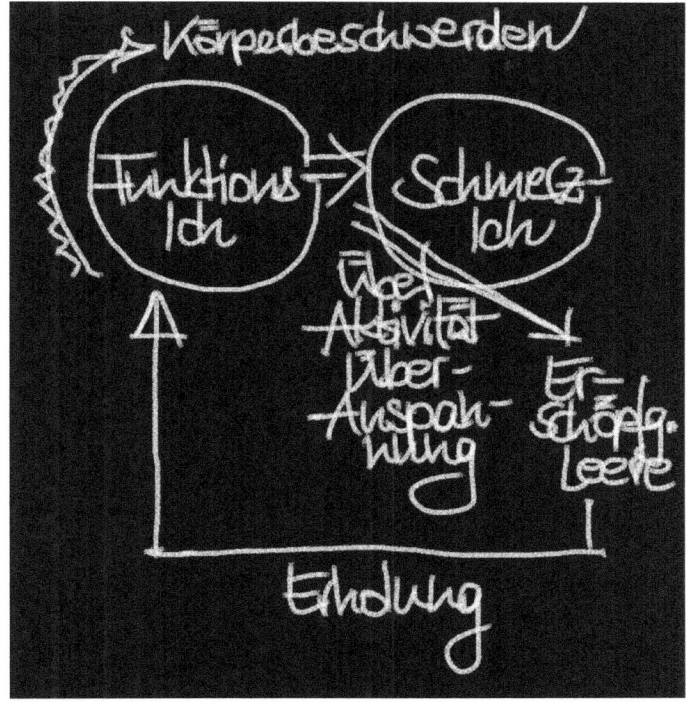

Tafel 5: Funktions- und Schmerz-Ich

Das Funktions-Ich denkt typischerweise: „Das ist doch alles längst vorbei. Was ich heute an Beschwerden habe, kann doch damit nichts zu tun haben. Das habe ich doch längst überwunden. Das ist doch gar nicht so schlimm (gewesen." Das Funktions-Ich kommt durch den fehlenden Kontakt zu den Gefühlen an das Problem nicht heran, denkt: „Ich stelle mich an. Da ist doch nichts." Das Funktions-Ich fürchtet aber unbewusst den Kontakt zu den alten Verletzungen.

Im Funktions-Ich entstehen durch sowohl den gespeicherten toxischen Stress als auch die fehlende emotionale Feinregulation aufgrund des fehlenden Kontaktes zu den eigenen Gefühlen Körperbeschwerden. Dabei reagiert das Funktions-Ich sich selbst gegenüber wenig einfühlsam: „Nun stell dich nicht so an. Reiß dich zusammen. Was hast du denn nun schon wieder?" Körperliche Beschwerden werden an ihm vorbei entwickelt als chronische Schmerzen an allen möglichen Stellen im Körper, Bauchkrämpfe, Durchfall, Atemnot, Hautprobleme oder Herzbeschwerden.

Wenn aufgrund des mangenden Kontakts zu den Gefühlen und damit der mangelnden Selbstfürsorge, da wir ohne emotionale Wegweiser nicht gut für uns sorgen können, alles zu viel wird, kippt das Funktions-Ich ins Schmerz-Ich. Das Schmerz-Ich spürt weiterhin die alten unangenehmen Gefühle. Es bleibt belastungsnah. Es fühlt typischerweise: "Jetzt geht es mir plötzlich unglaublich schlecht. Ich bin schwer krank. Ich brauche Hilfe und zwar sofort. Jemand muss mir helfen." Hier wurden die alten Verletzungen gespeichert und werden zunächst in einem Ablenkungs- und Ausgleichsversuch in Überaktivität, Überanstrengung und Anspannung, schließlich in totaler Erschöpfung, Starre und Leere wieder erlebt.

Das Körper-Seele-Geist-System, das keine Vergangenheit und keine Zukunft kennt, sagt also in der Folge nicht mehr oder weniger als: „Der Schmerz war, ist und wird sein – wenn nicht jemand kommt und ihn wegmacht." Darin zeigt sich die Not aus der belastenden Situation, denn damals hätte tatsächlich jemand kommen und die Not lindern, "wegmachen" müssen, hätte trösten oder versorgen müssen. Viele der verletzten Menschen brauchen lange, um zu erkennen, dass sie selbst es heute sind, die erwachsenen Personen, die dem Schmerz-Ich in sich selbst helfen müssen. Nie kann es so sein, dass einfach jemand kommt und den Schmerz wegmacht.

Gelingt die Verarbeitung der alten und aktuellen Belastungen nicht, weil der verletzte Mensch – verständlicherweise - nichts mehr mit seinen damaligen Problemen zu tun haben will und "nur" versucht, die aktuellen seelischen und körperlichen Beschwerden zu lösen, driftet er immer hin und her zwischen körperlichen Beschwerden im Funktions-Ich und der Überanspannung, Überaktivität sowie Leere und Erschöpfung im Schmerz-Ich.

Das Funktions-Ich kennt keinen Erinnerungsschmerz, nur die seltsamen unerklärlichen Symptome. Und der Schmerz kennt keinen Alltag, kein „früher" oder „heute". Die verletzte Person glaubt dann, es gehe ihr unkontrollierbar schlecht. Aus dem Gefühl der Hilflosigkeit werden die Besuche bei verschiedensten Behandlern zum Alltag. Man liefert sich hier komplett aus. Im besten Fall schieben die Ärzte, die die alte Verletzung nicht sehen oder kennen, alles auf die „Psyche", im schlimmsten Fall jedoch vermitteln sie dem Leidenden, er habe doch „nichts", „bilde sich das alles ein" und „suche Aufmerksamkeit". Damit wiederholen sie in den meisten Fällen die alte

Verletzung des Übergangen-werdens, Übersehen-werdens, der Bedeutungslosigkeit, vor allem der Ohnmacht und Hilflosigkeit.

Körper, Geist und Seele – das Körpergedächtnis im Gehirn, aber auch in den Muskeln, den Organen oder der Haut – speichern das Erlebte und schwemmen es wieder in das Bewusstsein – vielleicht plötzlich nach vielen Jahren, vielleicht aber auch immer wieder, im Urlaub, nach Auslösern oder bei irgendeiner Gelegenheit. Der Mensch, von sich selbst überrascht, fragt sich: „Woher kommt plötzlich dieser Schmerz? Woher kommt dieses komische Gefühl? Woher kommt dieser seltsame Ausfall von Körperfunktionen? Der Körper erlebt dann immer wieder Angst, Panik, Herzrasen, Muskelsteifheit, Kreislaufabfälle, Konzentrationsstörungen, Erschöpfungsgefühle, Schlafstörungen, aber auch Leere und Nicht-Fühlen.

Hinzu kommt, dass Menschen, die viel toxischen Stress (erlebt) haben, sich schlechter ernähren, eher zu Suchtmitteln greifen, sich weniger bewegen und somit neben ihrer seelischen Verletzungsgeschichte weitere Risikofaktoren ansammeln. Dies verhindert häufig außerdem eine regelmäßige sorgfältige Gesundheitsvorsorge und ein gutes, achtsames Umgehen mit sich. (Ford et al., 2011)

Akute Belastungsreaktion

Es werden einige Trauma-Folge-Erkrankungen zunächst einmal von ihrem zeitlichen Auftreten her unterschieden. Bei der akuten Belastungsreaktion handelt es sich um die akute Folge nach toxischem

Stress. Typisch ist ein Gefühl „innerer Betäubung". Dies tritt meistens innerhalb von Minuten bis Stunden nach dem toxischen Stress auf und hält oft nur wenige Stunden bis wenige Tage an.

Die akute Belastungsreaktion ist außerdem geprägt durch Fassungslosigkeit, Hilflosigkeit, Stimmungstief, Isolations- und Einsamkeitsgefühl, dem Eindruck neben sich zu stehen, Übelkeit, Zittern, Schwitzen, Erbrechen, Druck auf der Brust, Gereiztheit, Aggressivität, Stimmungsschwankungen, auch inadäquatem Humor, Schlafstörungen mit Alpträumen und sich aufdrängenden Erinnerungen in Form von einzelnen Bildern, Gerüchen oder Geräuschen.

Die frühzeitige Bewältigung der akuten Belastungsreaktion ist der einzig sinnvolle Weg der posttraumatischen Belastungsstörung vorzubeugen und entgegenzuwirken. Ein Drittel der akuten Belastungsreaktionen klingen ohne Schwierigkeiten wieder ab. Die restlichen zwei Drittel werden zu "verzögerten Belastungsreaktionen", von denen wiederum die Hälfte zu posttraumatischen Belastungsstörungen wird. Der Genesungsprozess nach der akuten Belastungsreaktion kann durch geeignete Maßnahmen unterstützt werden. Die Menschen sollten immer wieder über ihre Eindrücke, Erfahrungen, Reaktionen, Gedanken und Gefühle nach dem toxischen Stress sprechen. Es ist also hilfreich, sie freundlich und wohlwollend zu begleiten, jedoch nicht, sie zu bedrängen. Eine Zeitlang sollte danach für Ruhe und ein möglichst mittleres Anspannungsniveau gesorgt werden. Die betroffenen Menschen sollten bewusst Dinge tun, die ihnen bisher gut getan haben, auf vorhandene Strukturen zurückgreifen und auch neue Strukturierungen einsetzen. Wenn nach vier bis sechs Wochen die Beschwerden nicht abgeklungen sind, sollte frühzeitig psychotherapeutische Hilfe zum Einsatz kommen.

Posttraumatische Belastungsstörung

Auch die posttraumatische Belastungsstörung ist die Folge von toxischem Stress, und zwar eine ebenso unmittelbare Folge wie die akute Belastungsreaktion, aber sie stellt die mittel- bis langfristigere Folgeerkrankung dar. Sie ist gekennzeichnet durch überfallsartige Wiedererinnerungserlebnisse oder Nachhallerinnerungen – so genannte "Flashbacks", in denen die belastende Situation wie in einem Film wiedererlebt wird.

Typisch sind eine starke Vermeidung sämtlicher Auslösereize, die an das Erlebte erinnern, und bei Ausbreitung erhebliche Einschränkungen mit sich bringen können, verminderte gefühlsmäßige Schwingungsfähigkeit, wie gefühlsmäßige Taubheit, Desinteresse an früher wichtigen Aktivitäten, Gefühl, sich von allen anderen zu entfremden, gesteigertes Anspannungsniveau mit Schlafstörungen, Konzentrationsstörungen, erhöhter Reizbarkeit und zunehmender Schreckhaftigkeit. Die posttraumatische Belastungsstörung hält meistens über einen Zeitraum von mehr als sechs Monaten an.

Komplexe posttraumatische Belastungsstörung

Die komplexe posttraumatische Belastungsstörung ist eine Folge auf immer wiederkehrenden, destabilisierenden toxischen Stress. Sie entspricht - bisher - der ICD 10-Diagnose der "andauernden Persönlichkeitsveränderung nach Extrembelastung". Es handelt sich um ein seelisches Krankheitsbild, das infolge schwerer anhaltender Traumatisierung wie durch Gewalt, aber auch durch Vernachlässigung oder "emotionales Desinteresse" entstehen kann. Die Störung kann direkt im Anschluss an das Trauma beginnen, aber auch Monate bis Jahrzehnte später auftreten. Sie zeigt - im Unterschied zur "einfachen" posttraumatischen Belastungsstörung - ein breites Spektrum seelischer und sozialer Beschwerden.

Die betroffenen Menschen haben Schwierigkeiten, ihre Gefühle zu regulieren, besonders werden Aggressionen stark unterdrückt.

Typisch sind Gedächtnisstörungen bezüglich der Auslöser im Sinne von sowohl Gedächtnislücken als auch extrem detaillierten Erinnerungen, häufig auch abwechselnd.

Quälende Gefühle sind für diese Erkrankung prägend. Die betroffenen Menschen leiden unter chronischen Schuldgefühlen, welche die Seele aus verschiedenen Gründen entwickelt. Erstens hängen die Schuldgefühle mit den extrem hohen Erwartungen an sich selbst zusammen, die dadurch, dass jeder „Fehler" abgestraft wird, immer höher steigen. Zweitens stellen die Schuldgefühle die Übernahme der Rechtfertigungen des den anderen Ignorierenden dar. Wenn sich der Ignorierende so fern des Wertesystems und der Vorstellungen des anderen verhält, übernimmt dieser zum Schutz zum Teil die „Koordinaten" des Ignorierenden, um sich überhaupt wieder zurechtzufinden. Drittens stellen die Schuldgefühle eine Umgehungsstraße der Seele um „Ohnmacht" dar. Ohnmacht und Hilflosigkeit sind am allerschwersten zu ertragen, daher entwickelt die Seele, wenn ihr kein anderer Ausweg mehr bleibt, Schuldgefühle, welche bedeuten, dass man selbst doch noch Einwirkungsmöglichkeiten gehabt hätte.

Außerdem leiden die betroffenen Menschen häufig unter phasenhaft auftretender innerer Leere und Hoffnungslosigkeit, Nervosität, dem Gefühl, „anders" als andere zu sein und wiederkehrenden Verzweiflungsphasen mit dem Verlust von Zuversicht und Hoffnung.

Häufig treten auch Schwierigkeiten mit vertrauten zwischenmenschlichen Beziehungen auf. Manchmal steht eine feindliche oder misstrauische Grundhaltung im Vordergrund, manchmal die Suche nach einem „Retter". So kommt es oft zu einem Wechsel zwischen Auslieferung an andere Menschen und Isolation und Rückzug.

Typisch sind neben mangelnder Selbstfürsorge auch körperliche Beschwerden wie Herzrasen, Herzstolpern, Herzbeschwerden, Blutdruckschwankungen, Seh- und Hörstörungen, Schmerzen an allen möglichen Stellen im Körper, muskuläre Verspannungen, Schmerzsyndrome, Fibromyalgie und Wirbelsäulenbeschwerden.

Nicht nur Schmerzen und schmerzhafte Gefühlszustände plagen die Menschen mit einer Trauma-Folge-Erkrankung, sondern auch Beschwerden, die auf eine tiefe Erschöpfung und ein Nicht-(mehr)-Fühlen-Können hinweisen. Dafür gibt es zwei Ursachen, einerseits die seelische Verletzung selbst, die im Sinne einer "Schockstarre" im Gefühl der Abgeschlagenheit, Lähmung, Gefühllosigkeit, Leere, Gleichgültigkeit und Teilnahmslosigkeit. Andererseits bemerkt der Betroffene dass das Getrennt-halten, Nicht-verarbeiten und Funktionieren viel Kraft und Energie kostet.

Anpassungsstörung

Die Anpassungsstörung ist ebenfalls eine Folgeerkrankung nach toxischem Stress, deren Diagnose gestellt wird, wenn nicht die typischen Symptome der oben beschriebenen Erkrankungen vorliegen, sondern eher Symptome von Angsterkrankungen oder Depressionen. Die Bezeichnung "Anpassungsstörung" ist missverständlich, weil sie nahelegt, man könnte sich vielleicht nicht anpassen. Gemeint ist jedoch eine Reaktion als "Anpassungsproblematik" auf für jeden Menschen stark belastende Ereignisse. Die Symptome sind demnach die gleichen wie bei der Depression oder den Angsterkrankungen. Häufig treten bei der Anpassungsstörung auch Körperbeschwerden auf. Laut Definition dauern die Symptome nicht länger als sechs Monate nach dem toxischen Stress an. Ansonsten wären neue differentialdiagnostische Überlegungen nötig.

Trauer und Trennung und ihre Phasen

Sowohl das Sterben eines Lebenspartners als auch die Trennung von einem Lebenspartner stellen schwere Verluste dar, die traumatisch verarbeitet werden können. Dies nennt man „traumatische Trauer" (siehe unten). Aber auch der gesunde Verlauf stellt den Menschen vor große Herausforderungen und soll daher beschrieben werden.

Phase Eins: Schock und Verleugnung

Kennzeichen dieser Phase ist das Warten auf eine Botschaft, dass das alles nicht wahr ist. Man verhandelt innerlich: "Hätte, hätte, hätte…".

Typische Gedankenmuster sind, dass „das nicht wahr sein kann". Typische Gefühle sind innere Leere und Betäubung. Typische Verhaltensmuster sind, den Alltag unverändert zu lassen und möglichst nicht von der Trennung oder der Trauer zu sprechen. Typische körperliche Reaktionen sind sowohl Unruhe als auch Erschöpfung.

Die meisten von uns sind auf der Suche nach immerwährendem Verständnis, Liebe und Zuwendung, die man vielleicht bisher in seinem Leben noch nie erhalten hat. Der Verlust eines Menschen, zumal wenn es sehr plötzlich kommt, machen diese Träume zunichte. Das kommt aber nicht in den Gefühlen an. Es wäre zu schmerzhaft, zu erkennen, dass die Träume unerfüllt bleiben, sodass man das Ende lieber verleugnet. Man verleugnet es vor sich selbst und vor anderen.

Phase Zwei: Aufbrechende Gefühle

Diese Phase ist die schwerste im Verlauf der Trauer- oder Trennungsverarbeitung. Wenn einem der Verlust bewusst wird und man den Verlust als Wirklichkeit begreift, dann wird man von den verschiedensten Gefühlen überwältigt. Der Verlust eines wichtigen Menschen ist ein massiver Eingriff in das Leben, vergleichbar einer großen Operation, bei der sich die Wunde auch nur langsam schließt. Man kann sich nach einer Operation auch nicht aussuchen, keine Wunde und keine Schmerzen mehr zu haben. Man kann die Schmerzen akzeptieren lernen und sich auf die langsame Heilung einstellen. Abhängig von der eigenen Persönlichkeit und dem Lebenskonzept wird man die Gefühlsreaktionen mehr oder weniger stark erleben.

Trauer und Verzweiflung

Wenn man einen Verlust erleidet, dann ist die Trauer unumgänglich. Bei dem Verlust eines wichtigen Menschen verliert man meist sehr vieles, von dem man Abschied nehmen muss, wie den Menschen an sich, aber vielleicht auch die gesellschaftliche Position oder gemeinsame zukünftige Ziele und Pläne, vielleicht das Haus oder die Wohnung oder Kinder, Unterstützung und Zuwendung. Fehlen werden sogar Streitigkeiten, die im Nachhinein plötzlich nicht mehr so tragisch erscheinen. Der Eindruck, ohnmächtig zu sein und keine Hoffnung zu haben, kann zeitweise vorherrschen. Man hat den Eindruck, allem und jedem ausgeliefert zu sein. Die Gedanken kreisen darum, was man nie mehr von diesem Menschen an schönen Dingen erhalten wird. Man sucht nach einer Antwort auf die Frage "Warum nur...?", kann jedoch im Augenblick keine Antwort finden, die Erklärung genug ist.

Wichtig ist es, zunächst Trauer, Weinen und Wehklagen zuzulassen und zu akzeptieren. Dann folgt der Weg über kleine Aktivitäten zu der Erkenntnis, dass nicht der andere Mensch oder das „Leben", sondern nur man selbst Verantwortung für die eigenen Gefühle übernehmen kann.

Einsamkeit

Wenn man daran gewöhnt war, mit dem anderen Menschen zusammenzuleben, kann man sich jetzt besonders einsam fühlen. Vielleicht stürzt man sich deshalb in Geschäftigkeit, trifft nahezu für Tag und Nacht Verabredungen, um dieses Gefühl der Einsamkeit nicht spüren zu müssen. Vielleicht zieht man sich aber auch in sein Bett zurück, geht nicht ans Telefon und will zu keinem Menschen Kontakt haben. Vielleicht zeigt man auch merkwürdige Verhaltensweisen, indem man unentwegt das Fernsehen eingeschaltet hat oder nachts das Licht brennen lässt. Oder man läuft nachts ruhelos in der Wohnung umher, legt sich morgens erst erschöpft ins Bett. Es gibt so viele Gewohnheiten, die man umstellen muss, wie gemeinsames Essen, Einkaufen, gemeinsame Urlaube, gemeinsames Schlafen.

Man vermisst die Geräusche des anderen, Unordentlichkeiten und Gerüche, Zärtlichkeit, Komplimente, Erzählungen, was jeder am Tag erlebt hat, gemeinsames Autofahren, Fernsehen, die Unterstützung in handwerklichen Tätigkeiten, finanziellen Angelegenheiten, beim Umgang mit Behörden. Einen umgibt Leere. Man hat keine Energie, sich den Tisch zu decken, etwas zu kochen, die Wohnung gemütlich zu gestalten, sich zu pflegen. Besonders vor Wochenenden, Feiertagen und dem Urlaub hat man Angst.

Wichtig ist es, zu lernen, dass Alleinsein und Einsamkeit zwei unterschiedliche Zustände sind. Nach einer Zeit der Umstellung auf die neue Situation kann man sich durchaus wohl fühlen, wenn man allein ist, vorausgesetzt, man lernt, mit sich selbst etwas anzufangen.

Selbstvorwürfe, Schuldgefühle und Selbstzweifel

Kann die Wut wegen des Verlustes noch nicht zugelassen werden, gehört es zum Trauerprozess, die Wut gegen sich selbst zu richten. Man beschäftigt sich vielleicht nach einem Verlust mit Selbstvorwürfen, denkt, alles falsch gemacht zu haben. Man gibt sich die Schuld. Man glaubt, Kontrolle über Gefühle, Verhalten oder sogar Leben des anderen, über den Lauf der Dinge gehabt und nicht genutzt zu haben. Man wertet sich ab, hält sich für unattraktiv, dumm und hässlich. Es kann auch sein, dass man darüber hinaus Wut sich selbst gegenüber empfindet, weil man sich jetzt "so elend fühlt". Man quält sich mit den Gedanken, was man hätte alles anders machen sollen.

Der Verlust von einem Menschen wird niemals von einem einzelnen Menschen verursacht. Das Leben im Ganzen ist wesentlich komplizierter. Es kommen ungeheuer viele Faktoren zusammen. Das Leben entwickelt sich, schlingert und überschlägt sich manchmal.

Wichtig ist es, intellektuell und emotional tatsächlich zu diesen Einsichten zu gelangen.

Angst

Menschen nehmen bestimmte Rollen ein. Vielleicht hat man den anderen Menschen bei Tätigkeiten vorgeschickt, die er besser konnte als man selbst oder vor denen man sogar Angst hatte. Dadurch hat man verhindert, diese Tätigkeiten zu lernen oder sich darin zu trainieren. Jetzt wird man in einer Situation, in der man sich ohnehin schwach und hilflos fühlt, wieder mit alten Ängsten konfrontiert. Man muss lernen, alleine zu sein und für sich selbst zu sorgen. Das heißt auch, zu Behörden zu gehen, sich einen Anwalt oder Berater zu suchen, das Geld zu verwalten, mit Handwerkern zu verhandeln oder auch nur das Alleinsein auszuhalten. Darüber hinaus muss man vielleicht lernen, alleine aktiv zu werden, beispielsweise alleine ins Kino zu gehen oder in Urlaub zu fahren.

Wichtig ist es, auch die Ängste zu akzeptieren. Da der Verlust die eigene Selbstachtung und das Vertrauen in die eigenen Fähigkeiten generell infrage stellt, müssen erst einmal Ängste - gleichgültig ob man früher auch schon eher ängstlich war oder nicht - auftreten. Dann gilt es zu lernen, die Ängste schrittweise durch kleine Aktivitäten zu überwinden.

Zorn

Aus tiefer Traurigkeit bei einem Verlust drückt man seine Wut zunächst meist nicht aus, wehrt sie ab oder verspürt sie nicht einmal. Gegen Ende der zweiten Phase treten dann Gefühle von Wut, Verbitterung und Hass auf. Sie sind ein Zeichen, dass man langsam Abstand von dem Verlorenen gewinnt. Vorwürfe können nun die Gedanken bestimmen. Wann immer man etwas verliert oder weggenommen bekommt, was einem wichtig ist, fühlt man sich bedroht und alarmiert. Im Körper wird Energie frei, sich zu verteidigen und um das zu kämpfen, was man nicht mehr bekommen kann. Deshalb ist es vollkommen natürlich, dass Zorn nach einem Verlust auftaucht. Wenn man schon immer in seinem Leben Schwierigkeiten mit dem Zulassen und Ausdrücken von Zorn hatte, frisst man ihn möglicherweise in sich hinein und bekommt körperliche und seelische Beschwerden wie Depressionen, Kopf- und Rückenschmerzen, Herzstechen oder Magenschleimhautentzündung.

Es ist wichtig, die Gefühle von Zorn zu erleben, denn sie führen aus der Hilflosigkeit und der Ohnmacht heraus. Die Gefühle sind ein Versuch, sich gegen das Unrecht, das einem vom Leben angetan wurde, zu wehren. Wichtig ist es, auch diese Gefühle – des Zorns - zu akzeptieren - sie gehören zum Loslösungsprozess dazu.

Sie sollen bei Bedarf in einer für einen selbst oder für andere ungefährlichen Form ausgelebt werden.

Phase Drei: Neuorientierung

Kennzeichen der dritten Phase sind, dass man sich wieder mehr auf seinen Beruf konzentrieren und den Alltagspflichten nachkommen kann. Man kann sich wieder vorstellen, glücklich zu sein und sich einem anderen Menschen gegenüber zu öffnen. Man erlebt schon mal Zeiten, in denen man den anderen vollkommen vergisst. Man muss nicht mehr so oft über den anderen sprechen. Man akzeptiert die Dinge, wie sie sind. In der dritten Phase kommt also die langsame Lösung vom anderen Menschen. Die Loslösung umfasst mehrere Schritte. Sie bedeutet das Aufgeben der Sehnsucht nach dem anderen, das Aufgeben des Zorns, das Aufgeben der beständigen gedanklichen Beschäftigung mit dem anderen und das Aufgeben beständigen Redens über den anderen. Die Loslösung ist notwendig, um sich neuen Menschen gegenüber öffnen zu können und sich neue Lebensperspektiven zu erschließen.

Viele Menschen flüchten in eine andere Stadt oder geben ihren Arbeitsplatz auf. Dies ist wenig hilfreich. Die Flucht bringt einen in die Isolation und fordert von einem zusätzlich noch die Umstellung auf eine neue Wohn- und Arbeitssituation. Die Loslösung kann gut im Inneren stattfinden – und auch bei einem Verstorbenen ohne schlechtes Gewissen.

Er wird immer ein Teil von uns bleiben, aber wir haben das Recht, ein neues Leben zu beginnen. Das hätte der Verstorbene auch so gewollt.

Loslassen

Das Loslassen zeigt sich darin, dass man in seinen Erinnerungen sowohl das Angenehme als auch das Unangenehme und auch die Schwierigkeiten sieht, die man mit dem verlorenen Menschen hatte. Man beschäftigt sich in Gedanken damit, wie man das, was man verloren hat, jetzt selbst für sich erreichen kann. Man wird versöhnlich und die Frage nach dem Warum tritt in den Hintergrund. Niemand hat Anspruch auf ewiges Glück.

Neues Selbstwertgefühl

Die Trauer- und Trennungsarbeit beinhaltet, zunächst einmal davon Abschied zu nehmen, was nicht mehr ist. Jetzt gelangt man zu der Frage nach der eigenen Zukunft: "Was möchte ich jetzt?" Viele Menschen sagen im Rückblick nach einem Verlust, dass es auch was Gutes hatte, oder dass man selbst wenigstens etwas Gutes daraus machen konnte. Der Verlust führt vielleicht dazu, dass man bemerkt, wie stark man sein Leben um den anderen Menschen herum aufgebaut hatte. Vielleicht erkennt man, dass man eigene Wünsche und Bedürfnisse dem anderen zuliebe zurückgestellt und Ärger und Wut hinuntergeschluckt hatte. Vielleicht bemerkt man, dass man sich nur dann als liebenswert ansah, wenn man von einem anderen Menschen Anerkennung bekam. Vielleicht hat man sich gebunden, um das eigene Gefühl, nicht liebenswert zu sein, zu überspielen, und hat sich über die Anerkennung durch den anderen Menschen definiert. Jetzt ist man wieder auf sich allein gestellt. Man hat es jetzt in der Hand, zu lernen, sich selbst anzunehmen, zu loben und Fähigkeiten an sich zu entdecken, die man nicht glaubte, zu besitzen. Man kann lernen, Wünsche auszudrücken und Forderungen zu stellen, und erkennen, was für einen wirklich wichtig ist.

Freundschaften

Verlust oder Trennung führt häufig auch zu einer Trennung von Freunden. Manche der Freunde sind unsicher, wie sie sich verhalten sollen, andere möchten mit dem Leiden des anderen nichts zu tun haben. Andere haben Angst, dass man es jetzt auf ihren Partner "abgesehen" haben könnte. Gleichzeitig spürt man innerlich häufig, dass man gerne neue Kontakte hätte und einen Austausch benötigt. Man muss nun lernen, alleine wegzugehen und mit Menschen Kontakt aufzunehmen. Jetzt verlangt es einen wieder verstärkt nach Freunden.

Wichtig ist jetzt, darüber nachzudenken, was man schon immer gerne tun wollte und dementsprechend aktiv zu werden. Es ist gut, nach Freunden zu suchen, die ein Interesse teilen. Man braucht jetzt Bekannte und Freunde, aber es wäre noch zu früh für eine neue Partnerschaft.

Phase Vier: Neues Lebenskonzept

Kennzeichen der Phase Vier sind, den neuen Zustand zu akzeptieren, die bewusste Entscheidung zu einem eigenen Leben zu treffen, das Vertrauen in die Fähigkeit, alleine leben zu können, sich als liebenswert zu empfinden und anderen Menschen gegenüber wieder Vertrauen haben zu können.

In dieser Phase kommt man möglicherweise an einen Punkt, an dem man noch nie stand. Vielleicht war man vom Elternhaus direkt in die Partnerschaft gegangen und hatte noch nie selbstständig gelebt. Jetzt sieht man, dass man alleine leben und sich zufrieden fühlen kann. Man erlebt zwar auch Phasen, in denen man sich einsam fühlt, doch so etwas gibt es auch während Partnerschaften. Vielleicht hatte man sich noch nie so stark die eigenen Bedürfnisse und Vorlieben bewusst gemacht oder sich für eine neue Rolle entschieden. Man hat zudem erlebt, dass man all die starken Gefühle des Verlustes erleben und überleben kann. Man wird sich vielleicht klar darüber, welche Einflüsse die eigene Lebensgeschichte und das eigene Elternhaus auf die Partnerwahl und die Partnerschaft hatten. Man hat die schönen Seiten des anderen Menschen in Erinnerung, aber auch die unangenehmen Seiten erkannt. Man hat sich neue Verhaltensweisen zugelegt. Man hat gelernt, sich selbst anzunehmen und sich selbst ein inneres Gleichgewicht zu verschaffen.

Vertrauen

Vielleicht hat man nach einem Verlust Angst vor einer neuen Partnerschaft. Mit pessimistischen Einstellungen versucht man vielleicht, sich vor zukünftigen Enttäuschungen zu bewahren, nimmt sich damit jedoch auch die Chance, das Gegenteil zu erleben. Es kann einem niemand eine Garantie geben, dass eine neue

Partnerschaft nicht wieder in einem Verlust endet. Doch man hat an sich gearbeitet, man hat das alles überstanden und weiß, dass man stark ist und nicht hilflos. Mehr kann man nicht tun.

Neue Vorstellung von einer Partnerschaft

Vielleicht hat man schon begonnen, eine neue Vorstellung von Partnerschaft zu entwickeln. Partnerschaft ist nicht dazu da, eigene Lücken zu füllen, wie beispielsweise Einsamkeit zu überwinden, sich als der Starke oder der Schwache darzustellen, oder um Bestätigung zu bekommen. Sie ist dann erfolgreich, wenn beide Menschen alleine und zufrieden leben können. Beide Menschen sind dafür verantwortlich, Wünsche und Gefühle zu äußern, auch wenn es dadurch Konflikte gibt. Der Weg zur Phase Vier kann sehr weit sein. Vielleicht hat man das Bedürfnis, den Weg abzukürzen, und entscheidet sich bereits in Phase Drei für eine neue Partnerschaft in der Absicht, dieses Mal alles ganz anders zu machen. Es genügt nicht, sich vorzunehmen, welche Fehler man *nicht* machen will. Man braucht eine ganz konkrete und klare Vorstellung davon, wie man zukünftig denken und handeln will, und man benötigt auch Übung darin.

Traumatische Trauer, die so genannte "Trauerreaktion"

Die Trauer - an sich - ist eine depressive Reaktion auf einen schweren Verlust, häufig durch das Sterben eines nahestehenden Menschen oder eine Trennung ausgelöst. Sie ist nicht krankhaft und dauert in der

Regel nicht länger als sechs Monate bis zu einem Jahr. Sie läuft meistens in Phasen ab, die oben beschrieben wurden. Es ist normal, dass weiterhin Gefühlsschwankungen auftreten, dass das Leben sogar intensiver als zuvor gelebt wird, aber auch dass sich mehr vor erneuten Verlusten gefürchtet wird.

Die "Trauerreaktion" oder "traumatische Trauer" wird festgestellt, wenn Monate bis Jahre nach dem ersten Jahr noch eine Trauer fortbesteht, die in der Stärke kaum oder deutlich zu gering reduziert ist. Die betroffenen Menschen reagieren wie versteinert, machen sich Selbstvorwürfe, kapseln sich ab, treten mit ihrer Umwelt nicht in Austausch und verbittern. Der verstorbene Angehörige wird idealisiert und die Hinterbliebenen entwickeln häufig Aggressionen, auch gegen ihre Umwelt.

Behandlungsschema bei Trauma-Folge-Erkrankungen

Bei allen Trauma-Folge-Erkrankungen ist zunächst einmal wichtig, dass der betroffene Mensch in Sicherheit gebracht wird, damit er zur Ruhe kommen kann. Dies klingt erst einmal banal, jedoch fällt es häufig äußerst schwer, sich von belastenden Bezugspersonen zu distanzieren. Und obwohl dies immer oberste Priorität hat, kann es erforderlich sein, dass der betroffene Mensch zunächst eine stabile Bindungserfahrung – manchmal das erste Mal im Leben – macht.

Komplikationen wie Depressionen, Angsterkrankungen und Schlafstörungen werden zusätzlich medikamentös behandelt. Im Weiteren werden die jeweiligen Beschwerden und Symptome besprochen, erklärt, analysiert und langsam und vorsichtig ins Bewusstsein geführt. Das Achtsamkeitstraining hilft, in die Beobachterposition von Körperwahrnehmung, Gefühlen und Gedanken zu kommen und sich mit schmerzhaften Zuständen nicht mehr vollständig zu identifizieren. Am Selbstwertgefühl wird gearbeitet, so dass das innere Selbstwertgefühl unabhängiger von der Bewertung anderer ist. Ein wichtiges Lernziel ist es, freundlicher und liebevoller mit sich selbst umzugehen.

Im Falle von Stabilität können verarbeitende, so genannte „prozessierende", Methoden wie EMDR oder Hypnotherapie durchgeführt werden.

Funktionelle Beschwerden

Unter der Vorstellung, dass Körper, Geist und Seele eben nicht zu trennen sind, so dass bei seelischen Krankheiten auch körperliche Prozesse und bei körperlichen Krankheiten auch seelische Prozesse eine Rolle spielen, gibt es typische Krankheitsbilder mit Schwerpunkt auf den körperlichen Beschwerden, bei denen stets eine seelische Mit-Behandlung im Sinne eines ganzheitlichen Konzeptes bedacht werden sollte. Häufig tritt bei der Diskussion funktioneller Körperbeschwerden bei den Betroffenen das Gefühl auf, selbst schuld zu sein an der Erkrankung, schwächlich oder wenig belastbar zu sein. Diesem Missverständnis möchte ich ausdrücklich entgegen treten. Es handelt sich in jedem Fall um eindeutige, abgegrenzte Krankheitsbilder, die im Übrigen jeden Menschen betreffen, die aber aufgrund der Gegebenheiten unseres Menschseins eben nicht nur den Körper betreffen, sondern immer auch Seele und Geist miteinbeziehen.

Funktionelle Beschwerden beschreiben Beschwerden, bei denen die Funktion von Körperbereichen gestört ist ohne einen morphologisch, also sichtbar, nachweisbaren Befund. Typische Beschwerden sind Schmerzen, Störungen der Organfunktion und Erschöpfung und Müdigkeit.

Funktionelle Beschwerden sind häufig. Sie finden sich bei 20 Prozent der Patienten in hausärztlichen Praxen und bis zu 50 Prozent der Patienten in „körperlich orientierten" Facharztpraxen. Sie treten bei Frauen und Männern gleich häufig auf, allerdings sprechen Frauen beim Arzt wesentlich häufiger darüber. Sie treten bei Menschen jeder Schicht und jedes Bildungsgrades gleich häufig auf, allerdings zeigen sich bei niedrigerem sozioökonomischem Status häufiger Schmerzen und deutlich ungünstigere Verläufe. Ethnische Minderheiten und Flüchtlinge sind besonders betroffen, wegen der erheblich höheren psychosozialen Belastung und Traumatisierung.

Sie sind eindeutig zu unterscheiden von Somatoformen Störungen, bei denen die Betroffenen jede Beteiligung der Seele leugnen und auf immer mehr und weitgreifenden körperlichen Untersuchungen bestehen. Weiterhin ist darauf zu achten, dass die Betroffenen dazu neigen, ihre Beschwerden zu verdeutlichen, da sie meist schon vielfach erlebt haben, dass ihnen nicht geglaubt, oder dass sie nicht verstanden werden, was an Simulation oder Aggravation denken lässt, was aber im Zusammenhang mit funktionellen Beschwerden äußerst selten auftritt. Bei Erschöpfung, Schmerzen und Schlafstörungen sollte auch an eine Depression gedacht werden, bei attackenartigem Schwindel, Herzklopfen und ausgeprägtem Vermeidungsverhalten an eine Angsterkrankung und bei Schreckhaftigkeit, Flashbacks, Alpträumen und emotionaler Taubheit an eine Trauma-Folge-Erkrankung.

Entstehungsmodell

Eine körperliche Erkrankung zusammen mit psychosozialen Belastungsfaktoren und gegebenenfalls Medikamentennebenwirkungen und vielleicht auch problematischen Erfahrungen mit zwischenmenschlichen Beziehungen führt zunächst einmal zu belastend erlebten körperlichen Beschwerden.

Die belastend erlebten körperlichen Beschwerden treffen mit einem bestimmten Körperbild, einem Körperschema und gesellschaftlichen Einflüssen, wie beispielsweise der Überzeugung, immer funktionieren zu müssen, zusammen und führen zu der Interpretation, ein schweres Leiden zu haben. Diese Interpretation wiederum fördert Anspannung, Angst und Depressivität, welche die körperlichen Beschwerden noch belastender machen.

Dieser Teufelskreis führt zur Chronifizierung der funktionellen Beschwerden, wobei der Betroffene auf Heilung hofft und dadurch das Gesundheitssystem immer stärker in Anspruch nimmt. Wenn hier die psychosozialen Faktoren und das Entstehungsmodell vernachlässigt werden, kommt es zur Beschwerdepersistenz und zur Enttäuschung vom Gesundheitssystem, was wiederum zu einer steigenden seelischen Belastung und zur weiteren Chronifizierung der funktionellen Beschwerden führt.

Durch die aufrechterhaltenden psychologischen und körperlichen Faktoren schreitet die Chronifizierung fort und es kommt zu einem zunehmenden Funktionsverlust im Alltag.

Behandlungsstrategie

Wichtig ist daher zunächst einmal ein orientierender Überblick über die körperlichen Faktoren, die psychosozialen Belastungsfaktoren und das Krankheitsmodell des Betroffenen selbst.

Bis die Diagnose „funktionelle Beschwerden" gestellt und klar angesprochen und erklärt wird, dauert es durchschnittlich drei bis fünf Jahre. Von den Betroffenen mit schweren Verläufen werden etwa 60 Prozent gar nicht behandelt, weil diese kapituliert und resigniert haben.

Behandlungshindernisse sind mangelhafte Versorgungsstrukturen, die kontraproduktive Entlohnung im Medizinsystem, eine inkonsistente und unscharfe Fachterminologie, die gesellschaftliche

Bewertung als „nicht krank", eine einseitige „Psychologisierung" oder „Psychiatrisierung" und Forschungsdefizite.

Wesentlich für die Behandlung ist, die Fühl-, Denk- und Verhaltensweisen beider Behandlungspartner zu verstehen und zu wissen, dass beide Behandlungspartner – Arzt und Patient – die therapeutische Beziehung häufig als sehr schwierig empfinden. Der Behandler sollte sich einfühlsam und authentisch verhalten. Seine Authentizität kann der Betroffene wesentlich besser „aushalten", als das, was ansonsten zwischen den Zeilen schwingt.

Der Behandler sollte Zuversicht zeigen, aber hohe Erwartungen relativieren, Transparenz bei medizinischen Entscheidungen vermitteln, aber das Gespräch nicht bei den körperlichen Themen bewenden lassen, psychosoziale Aspekte erfragen, aber die körperliche Ebene nicht aus dem Blick verlieren, dem Betroffenen seine Beschwerden nicht absprechen und an seine subjektive Krankheitstheorie anknüpfen, aber diese nicht voreilig übernehmen und langsam erweitern, Engagement und Verbindlichkeit zeigen, aber dem Impuls zu raschem Handeln nicht ohne weiteres nachgeben.

Der Hausarzt dient als Koordinator, der für das Screening, die Koordination, Kooperation und die Verhinderung von Mehrfach-Diagnostik und -Therapie zuständig ist, und den Betroffenen begleitet. Organisatorisch sollte auf möglichst regelmäßige, feste und zeitlich begrenzte, aber nicht beschwerdegesteuerte Termine geachtet werden. Auch dies sollte klar, offen und deutlich mit dem Betroffenen besprochen sein. Bei „notfallmäßigen" Terminen wird man sich möglichst knapp halten und auf den nächsten regulären Termin verweisen.

Behandlungsziele sind die Begleitung, die Verbesserung der Lebensqualität, die Verhinderung von Chronifizierung, die Erweiterung des Erklärungsmodells und der Bewältigungsmöglichkeiten der Betroffenen, das Vermitteln ihrer Eigenverantwortung und gegebenenfalls das Prüfen und Stärken von Motivation zur Psychotherapie.

Ebenfalls offen thematisiert und erklärt werden sollte schädliches Verhalten von Seiten des Betroffenen wie die Suche nach Rückversicherung bei anderen Ärzten, ständiges Kontrollieren von Körperfunktionen und Schon- und Vermeidungsverhalten, sowie hilfreiches Verhalten wie die Nutzung von Selbsthilfestrategien, körperliche, sportliche Aktivierung und Phasen von Erholung.

Bei schweren Verläufen können Antidepressiva zum Einsatz gebracht werden. Nicht eingesetzt werden Anxiolytika, Tranquilizer oder Neuroleptika. Bei schweren Verläufen kommt ebenfalls die Psychotherapie in Frage, wenn ausreichend Belastbarkeit, Motivation und Selbstreflektion besteht.

Schwierigkeiten für den Behandler

Wie oben erwähnt, fällt die Therapie von Menschen mit funktionellen Beschwerden auch den Behandlern häufig schwer. Hier zeigen sich die Schwierigkeiten von Krankheiten, die sich nicht einfach, klar und eindeutig klassifizieren und schnell behandeln oder weiterleiten lassen in einem Medizinsystem, in dem kaum Zeit für den einzelnen Menschen bleibt.

So werden beim Behandler durch die Hilflosigkeit, Unsicherheit, Ratlosigkeit und das Gefühl des Scheiterns eventuell zusätzlich eigene depressive oder ängstliche Tendenzen aktiviert. Oder durch das Gefühl, erst idealisiert, dann abgewertet zu werden, kommen eigene Selbstwertthemen zum Tageslicht. Durch den Entscheidungsdruck – körperlich oder seelisch, anstatt „Sowohl-als auch", durch ein Sich-Getäuscht-Fühlen, ein Entlarven-Wollen, Sich-unter-Druck-gesetzt-Fühlen, einen Machtkampf, ein Ohnmachtserleben oder das Gefühl des Manipuliert-Werdens werden eigene Abhängigkeit-Autonomie- und Kontroll-Themen wiederbelebt. Ungeduld, Enttäuschung, Wut, Ärger, Frustration, Ablehnung oder der Wunsch, sich zu entziehen lösen vielleicht unterdrückte Aggressionen aus. Enttäuschungen oder das Vermissen von Dankbarkeit bringen die (Sehn-)Sucht nach Zuneigung und Anerkennung zum Vorschein.

Nicht psychiatrisch oder psychotherapeutisch erfahrene Behandler befürchten oft bei psychosozialen Themen dem Betroffenen zu nahe zu treten, seine

Grenzen zu verletzen, oder „die Büchse der Pandora" zu öffnen, die Kontrolle zu verlieren, mit seelischen Reaktionen konfrontiert zu werden, denen sie sich nicht gewachsen fühlen, oder den Patienten zu sehr von sich abhängig zu machen, oder ihn unangemessen zu stigmatisieren.

Genauso wie Krankheit einen primären oder sekundären Sinn oder „Gewinn" machen kann, kann dies bei der Behandlung auch der Fall sein. Der primäre Behandler-Gewinn, der innere subjektive Nutzen, kann die bereitwillige unkritische Annahme von Idealisierung sein, oft auch verbunden mit der Abwertung von Vorbehandlern, was ausgelöst wird durch überhöhte eigene Kompetenzansprüche, dem Bedürfnis nach Anerkennung und unreflektierte Rivalität. Primärer Behandler-Gewinn kann auch die Entlastung von erlebtem Druck von Seiten der Patienten sein. Es wurde festgestellt, dass der erlebte Druck von Seiten der Patienten ein stärkerer Prädiktor für die eingeleiteten Maßnahmen war als die Wünsche der Patienten. Außerdem kann auch Aggression auf Seiten des Behandlers wegen seiner Hilflosigkeit zu Aktionismus führen.

Ferner kann der Behandler auch unbewusst eigene Ängste vor dem Übersehen einer körperlichen Erkrankung beruhigen. Es wurde nachgewiesen, dass bei Patienten mit chronischen Kopfschmerzen und häufigen MRT sich die Ärzte wesentlich beruhigter fühlten als die Patienten. Der Behandler kann auch versuchen, dem „Kausalitätsbedürfnis" beider Parteien unterbewusst nachzugeben. Oder der Behandler gerät unbewusst in die „Zufriedenheitsfalle". Er versucht unbewusst durch Befriedigung und Förderung passiver Versorgungswünsche, die Sympathie der Patienten zu erhalten.

Als sekundärer Behandler-Gewinn, also äußere Vorteile, können eine vermeintliche Zeitersparnis angesichts des hohen Zeitdrucks, weshalb lieber Untersuchungen als Gespräche durchgeführt werden, oder eine rechtliche Absicherung in Form defensiver Untersuchungen und Überweisungen angesichts der Furcht vor Klagen, angesehen werden.

Wichtig ist also zu verstehen, dass es sich bei beiden Partnern der therapeutischen Beziehung, auch wenn es sich nicht um eine psychotherapeutische Beziehung handelt, um Menschen handelt, deren Seelisches auf beiden Seiten wirksam ist, und dieses genauso zu berücksichtigen.

Bei der folgenden Darstellung einzelner Beschwerdegebiete betrachte ich im Sinne einer gleichberechtigten Psychologisierung im Körper-Seele-Geist-System die psychogenen Faktoren, die auch bei körperlichen Erkrankungen eine Rolle spielen, ohne dabei die anderen Dimensionen in den Hintergrund stellen zu wollen.

Allergien

Eine Allergie ist eine Überreaktion des Organismus gegen einen Fremdkörper, die sich in der Regel nach dem ersten Kontakt mit dieser Substanz einstellt. Es kann dabei zu mehr oder weniger starken Reaktionen kommen, die weitaus deutlicher ausfallen als die des ersten Kontakts. Eine Allergie ist also eine Übersensibilität des Immunsystems.

Seelisch betrachtet, bedeutet „allergisch" reagieren, „anders" zu reagieren. Häufig kann eine hohe Sensibilität der Menschen zu der Bereitschaft des Körpers zu intensiven Reaktionen führen. Daher ist auch die Frage wichtig, worauf derjenige innerlich „allergisch" reagiert – nämlich keineswegs nur auf Auslösefaktoren – sondern vielleicht auch auf bestimmte Verhaltensweisen der Mitmenschen, wozu man seine Einstellung überprüfen kann. Unterbewusst geht es häufig um die Ablehnung von etwas, was man nicht mehr ertragen kann, und an was man sich nicht mehr anpassen kann. Oft findet sich ein innerer Widerspruch, bei dem man einerseits an etwas hängt, andererseits sich dieses verbietet. Einerseits möchte man vielleicht die Nähe von jemandem, andererseits möchte man sich aus dieser Abhängigkeit befreien. Es wurde festgestellt, dass oft störende „Kleinigkeiten" die Betroffenen von frühester Kindheit an sensibilisiert haben. Dies kann zu einem Dauerstress führen, der sich schädlich auf das Immunsystem auswirkt. Daher reicht häufig die körperliche Behandlung nicht aus, sondern es sollten auch die „Kleinigkeiten", die zur Beeinträchtigung des Immunsystems geführt haben, berücksichtigt werden. Wichtig ist bei Allergien besonders, die eigene „feindliche" Gesinnung erkennen zu lernen, während man gleichzeitig nach Zustimmung sucht. Besonders wichtig ist auch zu lernen, sich nicht mehr unterzuordnen, um gemocht zu werden.

Asthma

Lunge und Bronchien sind die Organe des Atemzyklus. Hier findet der Austausch zwischen Luft und Blut, die Umwandlung vom Blut der Venen in das Blut der Arterien statt. Sie versorgen den Organismus mit Sauerstoff, dem Brennstoff der Zellen, und scheiden gleichzeitig Kohlenstoff als Abfallprodukt der Zelltätigkeit aus.

Die Atmung steht im seelischen und übertragenen Sinn in direktem Zusammenhang mit dem Leben, der Lebensfreude und der Kunst, das Leben genießen zu können. Schwierigkeiten deuten somit daraufhin, dass der Mensch das Leben derzeit vielleicht schwer erträglich findet. Man ist vielleicht traurig und niedergeschlagen, verzweifelt oder entmutigt. Vielleicht fühlt man sich auch bedrängt durch eine Situation, so dass man glaubt, das Leben nicht nach den eigenen Vorstellungen führen zu können. Man könnte das Gefühl haben, es fehle einem an Freiraum, um ein bestimmtes Problem zu überwinden. Verlustängste kommen gleichzeitig hinzu. Dies wird Ambivalenz-Konflikt genannt, bei dem man gleichzeitig nach Nähe und Geborgenheit sucht, diese aber auch ängstlich vermeidet. Man möchte vielleicht beschützt und versorgt werden, fühlt aber gleichzeitig Wut und Aggression. Auch Ängste, sterben oder leiden zu müssen, können Schwierigkeiten mit der Atmung bereiten. Radikale Wechsel machen demjenigen vielleicht zu schaffen und können einen daran hindern, den nötigen Schwung aufzubringen, um etwas Neues zu beginnen.

Wichtig ist es besonders bei Asthma, das Leben wieder „in vollen Zügen" genießen zu lernen, sich seiner Wünsche zu entsinnen und das Leben wieder schätzen zu lernen. Hierbei ist es besonders wichtig zu erkennen, dass man sich auch selbst einengen, einsperren und an seiner Umwelt „ersticken" kann. Es ist besonders wichtig, sich Zeit zu nehmen, die guten Dinge zu erkennen und all die unerwarteten Möglichkeiten in Betracht zu ziehen, die durch sie entstehen können. Nur jeder für sich allein kann für sein Glück und seine Zufriedenheit sorgen und sich selbst Freude am Leben bereiten.

Bluthochdruck

Bluthochdruck nennt man einen überdurchschnittlich hohen Druck in den Arterien, der die Gefäße in Mitleidenschaft ziehen kann.

Als psychologischen Faktor nimmt man an, dass eine hohe Sensibilität des Betroffenen im Seelischen denjenigen wahrscheinlich unter ständigem innerem Druck leben lässt. Man gerät dadurch häufig in Situationen, die an ungelöste Probleme und unverarbeiteten Kummer erinnern. Die rege emotionale Aktivität verursacht Gefühle, die einen dazu bringen, vieles schwer zu nehmen. Häufig sind die Betroffenen sehr feinfühlige Menschen, die sich wünschen würden, all ihre Mitmenschen glücklich zu sehen, sich jedoch selbst und die anderen großem Druck aussetzen, um die Mittel zu finden, das zu bewerkstelligen. Interessant ist auch, dass Ärger und Wut den Blutdruck deutlich mehr erhöhen als Angst wie 24-Stunden-Blutdruckmessungen ergeben haben.

Menschen mit unterdrückten Aggressionen entwickeln Studien zufolge wesentlich typischer einen erhöhten Blutdruck als bei anderen unangenehmen Gefühlen.

Bei Bluthochdruck ist es besonders wichtig, einzusehen, dass niemand von uns die Probleme der anderen lösen kann. Das bedeutet nicht, dass Freunde im Stich gelassen werden lassen sollen, doch die Verantwortung liegt bei jedem selbst. Jeder kann einen anderen nur begleiten oder unterstützen, aber nicht die Verantwortung für den anderen übernehmen. Die Verantwortung für andere loszulassen nimmt häufig eine große und nutzlose Last vom Herzen, die den betroffenen Menschen daran hindert, Freude im Augenblick zu erleben.

Darmprobleme, wie Darmentzündungen oder Reizdarm

Der Dickdarm zersetzt die Nahrungsreste und entzieht ihnen Flüssigkeit, um den Stuhl zu festigen. In ihm stauen sich die Nahrungsabfälle, die der Körper nicht mehr benötigt.

Zu Darmproblemen kommt es häufig bei Menschen, denen es auf seelischem Gebiet schwerfällt, alte Ansichten und Überzeugungen loszulassen, die ihnen nichts mehr nützen oder bei Menschen, die dazu neigen, die Ideen anderer zu verwerfen, obwohl sie von Nutzen sein könnten.

Auch Widerstand können die Betroffenen häufig schlecht „verdauen". Anstatt die angenehmen Seiten einer Sache oder eines Menschen zu sehen, ruft dies

Angst vor einem wie auch immer gearteten Mangel in ihnen hervor.

Bei Darmproblemen ist es ganz besonders wichtig, sich klar zu machen, dass angenehme Gedanken die Menschen nähren im Gegensatz zu Ängsten und selbsterniedrigenden Ansichten, die einen auszehren. Es ist besonders wichtig, an der eigenen Zuversicht zu arbeiten. Es ist wichtig, die Zuversicht zu entwickeln, dass es auf der Welt letztlich alles gibt und für jeden gesorgt ist – für jeden einzelnen Menschen. Es ist besonders wichtig, das Alte loszulassen, um Platz für Neues zu schaffen.

Morbus Crohn

Es handelt sich um eine Entzündung des Dünn- und Dickdarms. Diese kann sich ganz plötzlich äußern und den Symptomen einer Blinddarmentzündung ähneln. Meistens jedoch ist der Beginn langsam und schleichend. Nach dauerndem oder unregelmäßigem, aber immer wiederkehrendem Durchfall mit Bauchschmerzen wird die Erkrankung langsam chronisch und kann zu schweren Komplikationen führen.

Die betroffenen Menschen fürchten sich auf seelischem Gebiet möglicherweise sehr, den Erwartungen derer, die sie lieben, nicht gewachsen zu sein. Es fällt vielen betroffenen Menschen schwer, sich durchzusetzen und sich zu entfalten. In Belastungssituationen kommt es eher zur Vermeidung als zur Selbstbehauptung, wodurch versucht wird, dem Konfliktbereich auszuweichen.

Oft findet sich eine Blockade der Entspannungs- und Genussfähigkeit mit nervöser Ungeduld, Sensibilität und hoher Anspannung. Häufig findet sich ein starkes Kontrollbedürfnis und ein innerer Konflikt aus der Aufrechterhaltung weniger, aber enger Beziehungen mit einem intensiven Wunsch nach Geborgenheit und Nähe und einem gleichzeitigen großen Wunsch nach Unabhängigkeit und Angst vor zu viel Nähe, wobei die sozialen Erwartungen viel Bedeutung haben.

Bei Morbus Crohn ist es psycho-logisch besonders wichtig ist zu lernen, sich nicht mehr von der Außenwelt abhängig zu machen und in der Folge die Außenwelt zurückzuweisen, sondern sich selbst und die anderen anzunehmen.

Entzündlich-rheumatische Erkrankungen, auch Fibromyalgie

Den entzündlichen Erkrankungen des rheumatischen Formenkreises ist gemeinsam, dass es zu einer Störung des Immunsystems kommt, woraufhin der Körper eigene Strukturen angreift. Dies führt zu Entzündungsprozessen am Körper, die mit Schmerzen, anderen entzündlichen Beschwerden und Funktionseinschränkungen einhergehen.

Häufig leiden Menschen an entzündlich-rheumatischen Erkrankungen, die auf seelischem Gebiet recht hart mit sich selbst sind und sich selbst ungern das Recht eingestehen, eine ungeliebte Tätigkeit zu beenden oder das zu tun, wozu sie Lust haben. Unterdrückte Aggressionen werden gegen sich selbst gerichtet. Der

Wunsch nach körperlicher Aktivität und Unabhängigkeit wird häufig unterdrückt. Andere um einen Gefallen zu bitten, fällt oft sehr schwer. Man möchte so anerkannt werden, dass man dadurch das bekommt, was man braucht. Verstehen die Mitmenschen das nicht oder sehen es nicht ein, fühlt man sich vielleicht enttäuscht oder verbittert. Oft entsteht Zorn, doch fühlt derjenige sich nicht stark genug, diesen auch zum Ausdruck zu bringen und unterdrückt ihn. Häufig sind diese Menschen sehr kritisch mit sich selbst und anderen. Die Betroffenen wirken oft nach außen sehr „folgsam", aber in ihnen glüht ein innerer Zorn, den sie sich wiederum selbst übel nehmen. Sie selbst lähmen dann unbewusst ihre eigenen Gefühle. Diskutiert werden zusammengefasst also die unterdrückten Aggressionen, ein starker unterdrückter Bewegungsdrang sowie die unterdrückte Sehnsucht nach Unabhängigkeit.

Bei entzündlich-rheumatischen Erkrankungen ist es besonders wichtig, an der Frage zu arbeiten, warum es so schwer fällt, andere um etwas zu bitten. Beispielsweise sollte die Einstellung überprüft werden, ob man sich wirklich egoistisch verhält, wenn man das tut, was einem Spaß macht. Jeder hat das Recht, Aufgaben abzulehnen, die er nicht will. Wenn man sich für Aufgaben entscheidet, dann sollte man lernen, sie mit Vergnügen zu erledigen, ohne im Stillen fortgesetzt Beschwerde zu führen.

Vielleicht erlegt man sich auch zu viel Arbeit auf, weil man dadurch auf die Anerkennung der anderen hofft. Das ist auch jedes Menschen gutes Recht. Dann sollte man aber ebenfalls lernen, dass man das für sich selbst tut, und nicht, weil irgendwer einen dazu zwingt. Jeder hat das Recht, nach Anerkennung zu streben, wenn er etwas für andere tut. Wenn man lernt, die Aufgaben mit Spaß zu verrichten, anstatt deren unangenehmen Seiten zu sehen, entwickelt das Leben mehr Leichtigkeit und der eigene Körper mehr Geschmeidigkeit und Beweglichkeit.

Hautbeschwerden

Die Haut – unsere äußere Körperhülle – besteht aus einer unteren Schicht, der Dermis, und einer Oberschicht, der Epidermis. Sie stellt zugleich einen Schutz und den Kontakt des Körpers zur Außenwelt dar.

Häufig finden sich als psychologische Faktoren Schwierigkeiten mit dem Selbstwertgefühl und mit der Nähe und Distanz in Beziehungen. Häufig ist der Betroffene überangepasst. Aggressionen werden unterdrückt. Lebensgeschichtlich kamen häufig Wärme und Geborgenheit zu kurz. Oft werden die Mütter „ablehnend" oder „kühl", die Väter „ungeduldig" und „immer in Eile" beschrieben, wobei jedoch auch das extreme Gegenteil der Fall gewesen sein kann. Die Haut symbolisiert das Bild, das nach außen hin dargestellt werden soll. Vielleicht wird sich sehr um die Beurteilung durch andere gesorgt. Vielleicht fehlen der Mut zur Selbstbehauptung und die Selbstakzeptanz. Meistens empfinden die Betroffenen sehr genau, was um sie vor sich geht und sind schnell „berührt". Auch Schamgefühl ist ein häufiges Thema bei Hautproblemen sowie das Leiden unter einer Trennung, Kontakt- oder Kommunikationsverlust.

Bei Hautbeschwerden ist es besonders wichtig, überhaupt darauf aufmerksam zu werden, dass möglicherweise ein schädliches Selbstbild oder schädliche Denkweisen zu Schwierigkeiten führen. Zudem wichtig wäre es, an dem Selbstbild zu arbeiten, indem man sich Zeit nimmt, auf die eigenen angenehmen Eigenschaften zu achten. Jeder hat das Recht, ein Mensch mit Fehlern, Schwächen, Grenzen und Ängsten zu sein. Es steht einem auch zu, bestimmte Entscheidungen zu treffen, um „seine Haut zu retten" – auch wenn dieser Entschluss den Mitmenschen nicht unbedingt gefällt. Der Wert des Einzelnen liegt in dessen Herzen und in all den Besonderheiten, die im Inneren wohnen – nicht in irgendwelchen Ereignissen des Alltags.

Juckreiz

Bei Juckreiz findet sich seelisch häufig Misstrauen und die Neigung, Aggressionen gegen sich selbst zu richten. Innere Anspannung wird oft durch Kratzen abgebaut.

Neurodermitis

Lebensgeschichtlich findet sich bei betroffenen Menschen häufig ein über- oder unterverhältnismäßiges Zärtlichkeitsverhalten der frühen Bezugspersonen. Dadurch ist der Wunsch nach Wärme und Geborgenheit einerseits möglicherweise stark vorhanden, gleichzeitig besteht aber vielleicht auch Angst davor.

Urtikaria (Nesselsucht)

Häufig findet sich seelisch eine starke Anspannung und unterdrückte Aggression. Die betroffenen Menschen haben Schwierigkeiten, sich selbst zu helfen und sich gegen Angriffe von außen zu wehren. Darüber hinaus findet sich häufig nicht nur Ängstlichkeit und Depressivität, sondern auch Resignation und Entmutigung, im Sinne von dem Gefühl, alles habe keinen Zweck, es gebe sowieso keinen Ausweg.

Herzprobleme

Das Herz ist der Motor des Blutkreislaufs und funktioniert wie eine Pumpe, die gleichzeitig ansaugt und auspumpt.

Die von funktionellen Herzbeschwerden betroffenen Menschen nehmen sich auf psycho-logischem Gebiet oft das Leben „sehr zu Herzen". Die Mühen des Alltags überschreiten die gefühlsmäßigen Grenzen, was einen dazu treibt, sich auch körperlich zu übernehmen. Vielleicht vergessen die betroffenen Menschen ihre eigenen Bedürfnisse und streben zu sehr danach, von anderen gemocht zu werden. Wenn man sich selbst nicht genug liebt, versucht man durch sein Verhalten die Anerkennung und Zuneigung anderer zu seinem Trost zu erhalten. Diese grundlegende Problematik ist den betroffenen Menschen häufig nicht direkt zugänglich. Sie wird über die Herzproblematik verkörperlicht. Es ist die Aufgabe der verschiedenen therapeutischen Ansätze, hier einen Zugang zu schaffen.

Da es sich zumindest in Teilen um eine lebensgeschichtlich erworbene Problematik handelt, die buchstäblich die Lebenspumpe samt ihrem Taktgeber in verschiedenen Formen in ihrer Funktion stört, sollte psychotherapeutisch – neben den notwendigerweise zu ergreifenden kardiologischen Maßnahmen – Zugang zum Seelischen an sich herstellen. Das Grundmotiv eines „Es-muss-immer-weitergehen" bagatellisiert die Ursachen in ihrer Wirkung. Es muss also therapeutisch erst einmal das „Herz erweicht" werden, was gegebenenfalls eine Erstverschlimmerung der Beschwerden samt der zugehörigen Ängste nach sich zieht, um die Sinnhaftigkeit der Körperbeschwerden von Seiten des betroffenen Menschen zu verstehen.

Bei funktionellen Herzbeschwerden ist es auf seelischem Gebiet besonders wichtig, den liebevollen und freundlichen Umgang mit sich selbst und die zugrunde liegende – und auch folgende – Haltung, sich selbst zu lieben, einzuüben.

Zudem ist es also wichtig, das Bild von sich selbst zu revidieren. Anstatt davon auszugehen, dass die Liebe im eigenen Leben nur von anderen kommen kann, sollte man lernen, sie sich selbst und dann auch den anderen entgegenzubringen. Liebe wohnt in jedem Menschen, man braucht sie nicht von anderen. Wenn man sich von anderen abhängig macht, muss man immer wieder neu darum bitten.

Wenn man erkennt, dass man vollkommen in Ordnung ist, so wie man ist, und lernt, sich selbst zu schätzen, dann kann man die Liebe in sich selbst spüren. Ein ausgeglichenes Herz kann so manchen Kummer und Enttäuschung vertragen. Man fürchtet sich dann weniger, nicht geliebt zu werden.

Das Lernziel ist Hilfsbereitschaft aus Freude am Helfen, nicht, um sich Liebe zu erkaufen oder sich selbst zu beweisen, wie liebenswert man ist.

Magenprobleme

Der Magen ist ein wichtiges Verdauungsorgan, das zwischen der Speiseröhre und dem Dünndarm liegt. Die Magensäfte zersetzen die Nahrung und verflüssigen sie. Ein Magengeschwür ist ein mehr oder weniger großes Loch in der Magenschleimhaut. Es geht auf eine verminderte Widerstandskraft der Magenwand gegen die Magensäure zurück. Dies wiederum begründet sich in einem Mangel an Magenschleimhaut in diesem Bereich, welche den Magen davor schützt, dass er durch die Magensäure selbst verdaut wird. Ein Magengeschwür verursacht krampfartige Schmerzen.

Funktionelle Magenprobleme stehen seelisch im übertragenen Sinn im Zusammenhang mit der Schwierigkeit, etwas zu akzeptieren, also „anzunehmen". Die betroffenen Menschen leiden häufig darunter, dass sie sich gegen etwas sperren, „was ihnen nicht schmeckt". Man kritisiert sich häufig innerlich selbst für diese Neigung, was einen daran hindert, nach den eigenen Wünschen, Gefühlen und Bedürfnissen vorzugehen. Eventuell werfen sich die betroffenen Menschen auch selbst vor, nicht mutig genug zu sein. Bei einem Magengeschwür sollte man darauf achten, ob sich derjenige von anderen angegriffen fühlt und vielleicht nicht glaubt, sich gegen die Angriffe verteidigen zu können, weil er sich vielleicht machtlos fühlt. Tendenziell zeigt sich also bei Magenproblemen viel eher unterdrückte Angst als Aggression. Vielleicht ist man aufgrund eines überbehüteten oder entgegengesetzt chaotischen Familienklimas davon überzeugt, man müsse „von außen" beschützt werden. Vielleicht sucht man auch aktiv und eher dominant stets nach Anerkennung und Bestätigung. Auffallend ist auch, dass sich bei Migranten extrem häufig Magenprobleme zeigen.

In allen Fällen besteht wahrscheinlich im Hintergrund die große Angst, die emotionale Basis „von außen" zu verlieren. Bei Magenproblemen ist es besonders wichtig, aufzuhören, das „Außen" kontrollieren zu wollen. Man sollte sich langsam darüber klar werden, wie sehr man sein eigenes Leben gestalten kann. Man sollte anderen, sich selbst und dem eigenen Körper mehr Vertrauen schenken. Man braucht seinem Körper nicht zu sagen, was er tun oder wie er beispielsweise „verdauen" soll. Dasselbe gilt für die eigene Umwelt. Jeder Mensch sieht das Leben anders. Man sollte lernen, all die verschiedenen Lebensweisen und Umgangsformen bei sich selbst und bei anderen anzunehmen. Wenn man sich selbst gegenüber toleranter wird, verträgt man auch Nahrung besser, die man zu sich nimmt.

Bei einem stressbedingten Magengeschwür sollte der betroffene Mensch therapeutisch dahin geführt werden, seiner eigenen inneren Kraft wieder zu vertrauen, sich ihr vertraut zu machen und zu lernen, dass er sich verteidigen kann, wenn er sein Bild von den

Ereignissen, von sich selbst und den anderen überarbeitet.

Migräne

Plötzlich auftretende, heftige Schmerzen auf einer Seite des Kopfes, die mehrere Stunden bis zu drei Tage andauern können, werden als Migräne bezeichnet. Es kommt häufig zu Übelkeit und Erbrechen. Oft gehen Sehstörungen in Form von kreisförmigem Flimmern voraus. Es kann auch zu Taubheitsgefühl, Kribbeln oder Sprachstörungen kommen.

Auf seelischem Gebiet wird die Migräne meist mit inneren und äußeren Leistungskonflikten in Zusammenhang gebracht, die aus extrem hohen Ansprüchen an die eigenen Fähigkeiten resultieren. Migränebetroffene stammen häufig aus Familien, in denen sehr hoher Wert auf Verstand und Leistung gelegt wurde. Es kann sein, dass die Kinder die Erfahrung gemacht haben, nicht um ihretwillen, sondern wegen ihrer rationalen Leistungen geliebt zu werden. Die Kinder identifizieren sich mehr und mehr mit dem äußeren Druck, können sich nicht mehr entspannen und genießen. So sollte bei der Migräne nach vernachlässigten Wünschen, Gefühlen und Bedürfnisse gesucht werden. Häufig tun die betroffenen Menschen nicht das, was sie eigentlich wollen. Vielleicht weiß man selbst nicht so recht, was man eigentlich will. Der typische Satz lautet: „Ich kann doch nicht..."

Bei Migräne ist es besonders wichtig, sich die Frage zu stellen: „Was wäre ich gerne geworden, wenn es auf nichts ankäme, nicht auf die Ausbildung, nicht auf die Finanzen?" Dann ist es besonders wichtig, zu entdecken, was einen tatsächlich davon abgehalten hat oder abhält und zu lernen, welche eigene Haltung dabei schadet und einen hindert, man selbst zu sein. Es sollte fühlbar gemacht werden, dass die Mitmenschen einen nicht lieber mögen, wenn man sich nach ihnen richtet. Jeder sollte lernen, sich das Recht zu seinen Ängsten zuzugestehen und sich die nötige Zeit zu nehmen, um zu seinem Ziel zu gelangen. Auf dem „Deutschen Schmerz- und Palliativtag" 2012 wurde neben modernen Therapiemethoden wie Botulinustoxin vor allem auf die ganzheitliche Strategie mit Psychotherapie, Entspannungsverfahren und Sporttherapie hingewiesen.

Prämenstruelles Syndrom

Das prämenstruelle Syndrom beschreibt wenige Tage vor der Monatsblutung bei einem Drittel bis zur Hälfte aller Frauen auftretende körperlich-seelisch-geistige Beschwerden.

Körperliche Symptome sind eine Gewichtszunahme mit Wasseransammlung im Bindegewebe (Ödeme), Hautbeschwerden, Müdigkeit, Abgeschlagenheit, Übelkeit, Kreislaufbeschwerden, Durchfälle, Krämpfe im Unterbauch, Kopfschmerzen, Rückenschmerzen, Appetitstörungen, empfindliche Brüste, erhöhte Sensibilität auf Reize, Völlegefühl und Schleimhautreizungen wie bei Erkältungen.

Seelisch und geistig fallen Stimmungsschwankungen, Antriebsstörungen, Überaktivität, Ruhelosigkeit,

Depressivität, Angstzustände, Reizbarkeit, Aggressivität, plötzliches Weinen oder Lachen auf.

Ursächlich handelt es sich hierbei um eindeutige körperlich-seelisch-geistige Wechselwirkungen zwischen seelischen, geistigen und vielfältigen hormonellen Faktoren. Bei einem wiederkehrenden, besonders heftigen Verlauf können Citalopram und Sertralin therapeutisch wirksam sein, auch wenn sie nur eine Woche vor der Monatsblutung eingenommen werden.

Schwindel

Bei einem funktionellen Schwindelgefühl handelt es sich um die subjektive Wahrnehmung einer Bewegung des eigenen Körpers oder der Außenwelt. Eine solche Bewegung kann als drehend, schwankend, vertikal oder horizontal empfunden werden.

Wird jemandem schwindelig, übersetzt sein Körper-Seele-Geist-System das Erleben, das „Gleichgewicht zu verlieren, das man vorher hatte. Das Streben nach einem immerwährenden Gleichgewicht kann dafür vor den Beschwerden im Vordergrund gestanden haben. Im Hintergrund können verschiedene unbewusste Motive liegen. Vielleicht scheut derjenige sich davor, Entscheidungen zu treffen und etwas Neues anzufangen. Vielleicht hindert er sich so selbst daran, sich seine Wünsche zu erfüllen. Vielleicht macht derjenige aber auch gerade eine Reihe von Veränderungen durch, die ihm oder anderen nicht sehr ausgewogen erscheinen. Er tut sich damit vielleicht schwer und versucht, die Veränderungen zu ignorieren.

Die meisten unter Schwindel leidenden Menschen fühlten sich als Kinder sehr abhängig von den frühen Bezugspersonen und fühlten sich für deren Glück verantwortlich oder zumindest dafür, sie in ihrer Elternrolle zu unterstützen.

Bei Schwindel ist es auf seelischem Gebiet besonders wichtig zu lernen, auf die wirklichen inneren Wünsche, Gefühle und Bedürfnisse zu hören und somit das vermeintliche „Idealbild" eines „ausgeglichenen" Menschen oder Lebens zu überdenken. Je mehr jemand fürchtet, unausgeglichen zu sein, desto mehr setzt er sich unter einen Druck, der selbstverständlich schädlich ist. Besonders wichtig ist es auch, das Verhältnis zu denen frühen Bezugspersonen zu klären. Die Ängste, die dem Ausgeglichen-Sein-Wollen zugrunde liegen gehen häufig auf die Kindheit zurück, die vielleicht emotional alleine durchlebt wurde. Die Angst vor dem Sterben liegt oft auf allen Ebenen, ohne dass man sich ihrer bewusst ist. Man hält sich möglicherweise für nicht in der Lage, eine wie auch immer geartete Veränderung auszuhalten und durchlebt so mit jedem Übergang große Ängste. Zudem ist es wichtig zu lernen, dass das Gefühl aus der Kindheit, für das Glück oder Unglück der Erwachsenen verantwortlich zu sein, belastend war. Dadurch hat man ein enormes Feingefühl entwickelt, um Probleme zu erkennen und vermeiden zu können, wenn man mit anderen zusammen ist. Das ist der Grund dafür, warum man alle möglichen Gefühle und Ängste der Mitmenschen empfinden kann, wenn man sich in die Öffentlichkeit begibt.

Wichtig ist es zu lernen, dass jeder Mensch für sich selbst verantwortlich ist. Mit dieser Erkenntnis kann man eine gute Selbstfürsorge pflegen. Der andere kann stark und unabhängig werden. Jeder darf den anderen trotzdem stützen und begleiten darf.

Tinnitus

Man sagt seelisch im übertragenen Sinne, dass die psychologischen Faktoren bei Tinnitus „intellektuellem Lärm" entsprechen. Man lässt sich zu sehr durch die eigenen Gedanken stören, was einen daran hindert, richtig zuzuhören, was „draußen" wirklich vor sich geht. Möglicherweise fürchtet man sich auch, aus „dem Gleichgewicht zu geraten und die Kontrolle über sich selbst zu verlieren" – obwohl die betroffenen Menschen nach außen hin den Anschein der Ausgewogenheit wahren und ihre Ängste sehr gut verbergen. Oft tritt Tinnitus auch auf, wenn man sich innerlich Vorwürfe macht, dass man das, was man anderen sagt oder lehrt, selbst nicht in die Tat umsetzt. Tinnitus hat besonders vielfältige Ursachen (Herz-Kreislauf, Lärmkonto, etc.) und besonders vielfältige Auswirkungen (Erschöpfung, Angst, Depression).

Bei Tinnitus ist es besonders wichtig, zu lernen, nicht Verstand und Eingebung zu verwechseln. Wahrscheinlich hört der betroffene Mensch zu viel auf seinen Intellekt. Es ist demjenigen so wichtig, nach außen hin mutig und ausgeglichen zu erscheinen, dass die intellektuellen Anschauungen jede Intuition übertönen. Diese ist dann nicht mehr aus dem Lärm der Gedanken herauszuhören, was das innere Gleichgewicht in Mitleidenschaft zieht. Besonders wichtig ist es zu lernen, zuzuhören. Danach steht einem immer noch frei, mit dem Gehörten anzufangen, was man will. Zudem ist es wichtig zu lernen, mehr auf sich selbst zu hören. Dann lernt man die eigene Intuition besser zu gebrauchen. Außerdem hat jeder das Recht, die hilfreichen Gedanken, die man gelernt hat und die man anderen vermitteln will, nicht immer in die Tat umsetzen zu können. Es reicht, dies als Ziel anzustreben und man wird feststellen, dass man ihm immer näher kommt. Gerade beim Tinnitus ist eine ausreichende seelische Behandlung, Krankheitsverarbeitung und Information von besonderer Bedeutung.

7. Behandlung

Erste seelische Hilfe

Grundregeln

Erste Ziele bei der seelischen ersten Hilfe sind eine Orientierung über die Wachheit des Menschen, seine körperlichen Funktionen und den Schweregrad der seelischen Beschwerden oder der seelischen Verletzung, ein hilfreiches Gespräch und die Weiterleitung an (fach-)ärztliche Hilfe.

Wichtigste Voraussetzung ist - wie immer im Notfall - Ruhe und Übersicht zu bewahren. Gerade bei seelischen Notfallsituationen ist die Gefahr aufgrund der heftigen Dynamik und des meist sehr aufgeregten Umfeldes besonders groß, dass die Ersthelfer sich der hektischen, ängstlichen oder schockierenden Atmosphäre in der Umgebung anpassen.

Trotz aller Hektik, der gebotenen Eile und der Notwendigkeit, die Situation möglichst schnell und effektiv zu verändern, soll sich der Ersthelfer Zeit nehmen. Gebot des Augenblicks ist nicht die Aktion, sondern die indirekte Einflussnahme, die durch die Ausstrahlung von Sicherheit und ruhiger Konsequenz wirkt.

Alle betroffenen Menschen, auch die wie auch immer gearteten Angehörigen, die oft "betroffener" wirken, werden in Ruhe angehört. Nur dadurch wird das

Vorfeld der zu bewältigenden Notsituation sichtbar. Sachliche und ruhige Fragen werden gestellt.

Man tritt den betroffenen Menschen offen, aufmerksam und konzentriert gegenüber und spricht die Probleme an. Dies geschieht anfangs am besten in Einzelgesprächen, da man die untereinander bestehende Dynamik zwischen den beteiligten Menschen nicht kennt.

Sorgen und Befürchtungen, auch grobe Fehlinterpretationen der Wirklichkeit, sollten primär als subjektive Gewissheit und Wirklichkeit des betroffenen Menschen ohne große Diskussion oder sogar Korrekturversuche akzeptiert werden. Verständnisfragen werden selbstverständlich gestellt. Grundsätzlich zeigt man die Bereitschaft, zu verstehen und zu respektieren, was den betroffenen Menschen bewegt.

Die von dem Betroffenen vorgebrachten Äußerungen werden in der Situation auf keinen Fall bagatellisiert, also nicht in der Art von "nicht so schlimm...", "das regelt sich alles wieder", „alles wird gut", sondern alles wird ernst genommen, also: "es ist wirklich erschütternd", "Sie sind jetzt furchtbar aufgeregt, traurig, verzweifelt, das kann ich gut verstehen" oder "niemand kann sich vorstellen, wie er sich in einer Situation, wie der Ihrigen fühlen würde. Beschreiben Sie es mir."

In dem sich entwickelnden Gespräch kann man in Ruhe Hilfsmöglichkeiten anbieten, wie Ansprache von Ambulanzen, Klinik oder Notarzt. Dies wird mit einer sachlichen Argumentation unterstützt, die den Charakter der kritischen Situation heraushebt sowie die Kompetenz der Weiterbehandelnden.

Der suizidale Mensch

Suizidalität bedeutet akute Lebensgefahr. Sie kann aufgrund von körperlichen und seelischen Ursachen entstehen. Häufig entwickelt sich Suizidalität bei an sich gesunden Menschen, wenn diese sich durch Schicksalsschläge oder akute Konflikte in einer ausweglos erscheinenden Situation zu befinden glauben. Nicht alle suizidgefährdeten Menschen sind krank, aber jeder Suizidale soll wegen der akuten Lebensgefahr behandelt werden, auch wenn derjenige eine Behandlung ablehnt.

Anzeichen

Es werden unter Umständen Gefühle von Hoffnungs- oder Ausweglosigkeit, Enttäuschung, Resignation, Verbitterung, depressiver Stimmung, Lebensangst, Schuldgefühlen, Furcht vor Verarmung, Ausbruch oder Folgen einer Erkrankung, Prestigeverlust oder Abwertung gegenüber anderen, Gedanken über eigenes Versagen oder Wertlosigkeit geäußert. Die tatsächliche Situation wird eingeengt und ohne Verhaltensalternativen erlebt. Die bestehenden Aggressionen werden nach innen und gegen die eigene Person gerichtet. Das Denken ist auf pessimistische Inhalte, Rückzug und Sterben zentriert.

Präsuizidales Syndrom (nach Ringel)

Das präsuizidale Syndrom nach Ringel tritt häufig als eine gefährliche Vorstufe vor einem Suizidversuch auf. Es äußert sich in einer zunehmender Einengung, die sich in Aufsuchen immer gleicher Situationen, einseitiger Wahrnehmung, einseitigen Verhaltensmustern und einseitiger Gefühle äußert, in einem Aggressionsstau mit Wendung der Aggression gegen die eigene Person und Suizidphantasien, die anfangs beabsichtig sind ("die werden alle weinen und sehen, was sie davon haben"), sich aber in der Folge passiv aufdrängen

Die Frage nach der "Lebensmüdigkeit" ist unbedingt anzusprechen. Die Frage an sich stößt keine Suizidalität an, sondern entlastet und führt aus der Notsituation heraus.

Zu beachtende Risikofaktoren sind frühere Suizidversuche, bereits erlebte Suizide in der Familie oder näheren Umgebung, direkte oder indirekte Suiziddrohungen und Äußerungen über konkrete Vorstellungen über Vorbereitung oder Durchführung des Suizids.

Zusätzlich sind als Risiko eine "unheimliche Ruhe" nach Suiziddrohungen, ein ängstlich-unruhiges Verhalten, Schuld- oder Versagensgefühle, ein Aggressionsstau, quälende Schlafstörungen und Selbstvernichtungs-, Sturz- oder Katastrophenträume zu beachten.

Kritische Episoden sind der Beginn und das Abklingen depressiver Verstimmungen, Wahnideen über Schuld oder Krankheit, biologische Krisenzeiten, wie Pubertät, Schwangerschaft, Wochenbett und Klimakterium, Suchterkrankungen und unheilbare Krankheiten.

Kritische Umweltfaktoren sind familiäre Zerrüttung in der Kindheit, berufliche und finanzielle Schwierigkeiten, eine fehlende Lebensaufgabe, wenn kein Lebensziel zu sehen ist, das Fehlen mitmenschlicher Kontakte, Liebeskummer, Scheidung, Einsamkeit sowie eine fehlende tragfähige religiöse Bindung.

Maßnahmen

Suizidalität erfordert kurz-, mittel- oder langfristig, je nach Gefährdungslage, psychiatrische und psychotherapeutische Weiterbetreuung, eventuell eine stationäre Behandlung. Falls ein Arzt vor Ort ist, kann eine beruhigende Medikation sehr hilfreich sein. Mit einer rein angstlösenden Medikation sollte vorsichtig umgegangen werden, weil diese die letzten Rückhaltegründe unwichtig erscheinen lassen kann.

Der akut psychotische Mensch

Bei diesen Menschen ist die Ursache häufig noch unklar, das heißt, man kann aufgrund der Beschwerden und auftretenden Phänomene nicht auf eine bestimmte Ursache schließen. Oft zeigen sich Unruhe, Erregung, Halluzinationen oder Wahnsymptome. Die betroffenen Menschen wirken verstört, ängstlich und reagieren oft nicht angemessen auf das Gespräch.

Erstmaßnahmen

Der Ersthelfer sollte eine ruhigen Umgebung schaffen, den betroffenen Menschen in einem ruhigen Raum unterbringen und möglichst wenige Menschen im Umfeld belassen. Derjenige, der sich kümmert, sollte stabil bei dem betroffenen Menschen bleiben. Mehrere Wechsel würden die Lage ins Wanken bringen. Notwendig sind eine intensive Beobachtung und Betreuung des betroffenen Menschen. Man sollte eingrenzende und beruhigende Anweisungen klar und einfach aussprechen und die Geschehnisse und Behandlungsmaßnahmen ruhig und freundlich erklären, auch wenn der betroffene Mensch sich aggressiv verhält.

Zusätzlich sollte man unbedingt auf die Sicherheit des betroffenen Menschen und seines Umfeldes achten, beispielsweise gefährliche Gegenstände, wie Scheren oder Briefbeschwerer entfernen. Von ganz besonderer Bedeutung ist die Abschirmung von Außenreizen.

Falls ein Arzt vor Ort ist, kann eine angstlösende und beruhigende Medikation sehr hilfreich sein, soll aber besonders vorsichtig angewendet, weil die Ursachen der Beschwerden noch nicht erkannt sind.

Maßnahmen

Psychotische Auffälligkeiten erfordern fast immer eine stationäre Behandlung, besonders zur Diagnostik der Ursachen.

Der akut ängstliche Mensch

Häufig klagen diese Menschen über körperliche Beschwerden wie Atemnot, Brustschmerzen oder Schwindel im Vordergrund. Der ängstliche Mensch sucht die Nähe der Ersthelfer, also die von ihm empfundene Sicherheit in der Nähe anderer Menschen.

Anzeichen

Es können innerliche Unruhe, Nervosität, Anspannung, Interesselosigkeit, Erschöpfung, Resignation, Freudlosigkeit, Stimmungsschwankungen, Verzweiflung, Merk- und Konzentrationsstörungen, Schreckhaftigkeit, Reizbarkeit, Aggressivität, Hilflosigkeit, Sorgenbereitschaft, Gefühl der Unwirklichkeit, Vermeidungsverhalten, Gefühl des Weit-Entfernt-Seins, Gefühl der Beengung und ein Gefühl der Ohnmachtsnähe auftreten. Im Verhalten können Erregungszustände, Scheintätigkeiten, also "irgendwas tun", oder auch das völlige Fehlen einer Reaktion aus Ansprache auffallen. Körperlich können ein dumpfer Kopfdruck, Kopfschmerzen, Mundtrockenheit, Würgegefühl im Hals, Sprechprobleme, Sehstörungen, Ohrensausen, Schwindel, Hautblässe und Herzsymptome wie Herzdruck, Herzklopfen, Herzrasen, Herzstolpern oder Herzstechen, Atembeschwerden wie Atem-Enge oder Atemsperre, Magen-Darm-Beschwerden wie Übelkeit, Sodbrennen, Völlegefühl, Blähungen, Magendruck, Bauchkrämpfe, Verstopfung oder Durchfall, Menstruationsstörungen, Harndrang, Schweißausbrüche, Schlafstörungen wie Ein- und

Durchschlafstörungen, Alp- und Schreckträume und nächtliches Aufschrecken, Zittern, Muskelspannung, Muskelschmerzen, Muskelzuckungen, "weiche Knie", Missempfindungen wie Taubheit oder Kribbeln, Mattigkeit, eine Erhöhung des Blutzuckers und eine Steigerung des Blutdrucks vorkommen.

Erstmaßnahmen

Durch sicheres und beruhigendes Auftreten sowie eine ruhige und sachliche Gesprächsführung kann die Dramatik der akuten Angstsituation reduziert werden. Man beruhigt und rückversichert den betroffenen Menschen, dass dieser Zustand akuter Angst bald vorbei gehen wird - was auch so ist.

Falls ein Arzt in der Nähe ist, ist hier eine angstlösende und beruhigende Medikation äußerst hilfreich.

Der akut angespannte Mensch

In der Anspannung sind seelische und körperliche Funktionen gesteigert und vielleicht auch unkontrolliert. Beim Anspannungszustand ist die Ursache vielfältig und nicht primär erkennbar. Der akut angespannte Mensch kann zornig und aggressiv wirken, kann toben, Sachen beschädigen oder Umstehende angreifen. Er zeigt häufig ein ungesteuertes und insgesamt gefährliches Verhalten.

Hier gilt eine weitere Grundregel für die Ersthelfer: *Wenn jemand so aussieht, als sollte man sich ihm nicht nähern, dann sollte man sich ihm auch nicht nähern.*

Erstmaßnahmen

Primäres Ziel ist, die Selbstkontrolle des betroffenen Menschen wiederherzustellen durch Freundlichkeit im Gespräch, das ruhig und sachlich sein und Verständnis zeigen sollte, deutliches Aufzeigen von Grenzen, ohne dass derjenige dies als "Gegengewalt" wahrnimmt, sowie die Beseitigung von anspannungssteigernden Faktoren, wie Wegschicken von Umstehenden und Wegpacken erinnernder Gegenstände.

Falls ein Arzt in der Nähe ist, sollte das Angebot medikamentöser, beruhigender Behandlung gemacht werden.

Im Falle eines schweren Anspannungszustandes sollte unbedingt eine stationäre Behandlung, besonders zur Diagnostik der Ursache, angestrebt werden.

Der delirante Mensch

Das Delir zeigt sich durch psychotische Symptome, also Halluzinationen und Wahn, Bewusstseinsveränderungen, also Störungen der Wahrnehmung, Verarbeitung von Reizen und der Reaktion auf Reize. Der Betroffene weiß nicht mehr, wo er ist, was los ist, warum er dort ist. Oft zeigen sich Anspannungszustände. Auffallend sind zusätzlich eine fahrige Unruhe und Geschäftigkeit, wie "Nesteln" oder Wischen, sowie starke Reaktionen des vegetativen Nervensystems wie Schwitzen, Zittern, Herzrasen, Temperaturerhöhung. Gelegentlich fällt auch die leichte Beeinflussbarkeit auf, das heißt, die betroffenen

Menschen reagieren auf Dinge, die man angesprochen hat, die aber gar nicht gegeben sind.

Beim Delir sind die Ursachen höchst vielfältig und meistens bedrohlich. Deshalb sollte sofort ein Notarzt hinzugezogen werden.

Der verwirrte Mensch

Beim verwirrten Menschen fallen eine allgemeine Unsicherheit, Fahrigkeit und Ratlosigkeit auf. Das Auffassungsvermögen und die Gedankengänge scheinen verlangsamt. Verwirrte wirken oft innerlich angespannt, reagieren gereizt oder aggressiv. Ungesteuerte, abrupte und angespannte Reaktionen ohne erkennbaren Anlass sind möglich. Fast jedes Ereignis, dass den Menschen akut betrifft, kann einen Verwirrtheitszustand verursachen, besonders bei älteren Menschen

Erstmaßnahmen

Wichtig ist den betroffenen Menschen -wenn möglich- in einer ihm bekannten oder mindestens konstanten Umgebung zu belassen. Unbedingt soll eine Diagnostik zur Klärung körperlicher Ursachen erfolgen.

Der bewusstseinsgestörte Mensch

Unterschieden werden quantitative Bewusstseinsstörungen, bei denen eine Benommenheit auftreten kann wie eine leichte Verlangsamung des Denkens mit erschwertem Auffassungsvermögen, häufig auch auftretend bei starker Ermüdung. Somnolenz ist eine Schläfrigkeit mit deutlich vermindertem Auffassungsvermögen und erheblich verlangsamten Denkvorgängen. Sopor ist stärkste Schläfrigkeit, bei welcher der betroffene Mensch noch auf massive Reize kurz wach wird, aber keine spontanen Aktionen mehr zeigt. Koma bedeutet das Nicht-mehr-Erwachen. Der betroffene Mensch reagiert auch auf Schmerzreize, wie Druck unter der Fußsohle nur noch "gerichtet", "ungerichtet" oder gar nicht mehr.

Ferner sind noch Dämmerzustände oder Rauschzustände möglich, bei denen das Bewusstsein, also die Wahrnehmung, Verarbeitung und Reaktion auf Reize nur verändert, nicht verringert ist. Die Handlungsfähigkeit ist dabei erhalten, möglich sind aber sowohl zu wenig Reaktion auf manche Reize als auch zu viel Reaktion auf andere Reize.

Die Ursachen sind wiederum höchst vielfältig. Eine sofortige stationäre Behandlung sollte unbedingt, besonders zur Diagnostik der Ursachen, erfolgen. Ein Notarzt ist sofort zu verständigen.

Der "erstarrte" Mensch

Die "Starre" ist ein Fehlen jeglicher körperlicher oder erkennbarer seelischer Aktivität. Der betroffene Mensch reagiert trotz wachem Bewusstsein in keiner Weise auf Versuche, mit ihm in Kontakt zu treten. Das

Gesicht bleibt starr, ausdruckslos und ohne emotionale Regung.

Es wird auch sprachlich nichts geäußert. Häufig finden sich auch eine Muskelanspannung sowie andere Beschwerden des vegetativen Nervensystems, wie Schwitzen oder Herzrasen.

Hierbei ist die sofortige Unterbringung in einer Fachklinik notwendig, besonders zur diagnostischen Klärung der vielfältigen Ursachen. Ein Notarzt ist sofort zu verständigen.

Therapieziel Nummer Eins: Glück und Zufriedenheit

Vier Bausteine

Grundlegend wichtig ist es, den wirklichen Sinn des Lebens wieder zu erspüren.

Zufrieden und freudig leben wir, wenn wir das Leben unserem Wesen gemäß leben.

Die Arbeit, das Geld, die Leistung, das Ansehen oder der Einfluss, all das ist bedeutungslos – es sei denn die Arbeit fördert Freude und Zufriedenheit. Wichtig sind das eigene Glück und die Zufriedenheit und die Mitmenschen, die gut tun. Selbstverständlich braucht jeder erstens materielle Mittel, um zu überleben, und zweitens auch eine Aufgabe. Diese vier Faktoren - jeder selbst, die Mitmenschen, materielle Mittel und eine

Aufgabe – befinden sich aber selten in einem ausgewogenen harmonischen Maß während der Arbeitszeit

Der Mensch selbst: Was ist wirklich wichtig? Wenn ein Mensch wüsste, er müsste in einem Jahr sterben – noch 365 Tage – was würde er dann machen? Wie würde er seine vier Bausteine dann aufteilen? Was macht einen Menschen so sicher mehr Zeit zur Verfügung zu haben? Oder weniger?

Die Mitmenschen: Wer tut einem gut, gibt Kraft, stützt, versteht und gibt Raum? Wer strengt einen an, laugt aus, verwickelt und verbraucht? Es ist wichtig, das zu unterscheiden und die Entscheidung zu treffen, was davon wir in unserem Leben haben wollen.

Die Aufgabe: Wenn ein Mensch dann schließlich oder vielleicht auch schon von Beginn an die Arbeit hat, die er liebt, und die ihn glücklich und zufrieden macht, ist es trotzdem nicht zielführend die oben genannten anderen Dreiviertel zu vernachlässigen und sein gesamtes Tagewerk nur noch auf die Arbeit und die Aufgabe zu beschränken. Führungskräfte glauben noch immer, dass die meisten Angestellten aus finanziellen Gründen ihren Posten wechseln. Studien haben längst gezeigt, dass 80 Prozent der Stellenwechsel aus „zwischenmenschlichen Gründen" durchaus zu finanziell ungünstigeren Stellen stattfinden (H&R, 2011)

Die materiellen Mittel: Häufig braucht sich trotz einer Umverteilung der vier Faktoren der materielle Lebensstil kaum ändern. Er wird sich allenfalls vereinfachen, weil der Mensch spürt, dass großer

Wohlstand auch nicht zufriedener macht. Ein altes italienisches Sprichwort sagt: „Je mehr du zahlst, desto schlechter isst du..."

Wichtig ist es, die Zeit, die ein Mensch arbeitet, intensiv, konzentriert und engagiert zu arbeiten – und sich dann auch wieder um die anderen Dreiviertel zu kümmern.

„Ein Lehrmeister füllte ein leeres Glas bis zum Rand mit großen Steinen. Dann fragte er seine Schüler, ob das Glas voll sei. "Ja", antworteten sie einstimmig. Der Lehrmeister holte mittelgroße Kieselsteine hervor und füllte diese auch noch in das Glas. Er schüttelte es etwas und die kleineren Steine rollten in die Zwischenräume. "Und ist das Glas jetzt voll?", fragte er erneut. Wieder stimmte man ihm lachend zu. Danach nahm er feinen Sand. Diesen schüttete er auch noch ins Glas. Natürlich füllte der Sand nun die letzten Zwischenräume aus.

"Ich möchte, dass Sie erkennen, dass dieses Glas wie Ihr Leben ist", erklärte der Lehrmeister. "Die großen Steine sind die wirklich wichtigen Dinge: Freunde, Kinder, Familie, Gesundheit, Erfahrungen, Entwicklung, Wissen, alles dies. Wenn alles andere wegfiele und nur sie übrig bleiben würden, würde das Glas noch immer 'voll' sein. Ihr Leben wäre ausgefüllt. Die mittleren Kieselsteine sind andere, weniger wichtige Dinge wie Ihre Arbeit, Aufgaben, Pläne, Ziele, Verpflichtungen und solche Dinge. Der Sand symbolisiert den Kleinkram.

Wenn Sie den Sand zuallererst in Ihr Glas füllen, dann bleibt kein Raum für die Kieselsteine und für die großen

Steine. So ist es in Ihrem Leben. Wenn Sie alle Energie für die kleinen unwichtigen Dinge aufwenden, haben Sie keine Zeit mehr für die Großen. Achten Sie auf die wirklich wichtigen Dinge. Nehmen Sie sich Zeit für sie. Es bleibt dann immer noch genug Raum für Arbeit, Aufgaben, Pläne, Ziele, Verpflichtungen und auch für Handys, PC, Haushalt, Partys und alles das. Die großen Steine aber sind es, die Ihr Leben wirklich füllen. Auf die kommt es an.""

Therapeutischer Weg

Therapeutische Arbeit ist persönlich und individuell

Das klassische Konzept des Therapeuten als "weiße Wand" mit vollständiger Abstinenz wird, insbesondere aber in der Traumatherapie, heutzutage nicht mehr verfolgt. Dieses Konzept führte dazu, dass eine enorme Hierarchie zwischen Therapeut und Patient entstand. Wirksamer ist es, mit den Menschen auf Augenhöhe mit Eigenverantwortung zu arbeiten. Eines der wirksamsten Elemente ist die vertrauensvolle therapeutische Beziehung, also die Beziehung zwischen Behandler und dem Menschen, der ihn aufsucht.

Diese Beziehung sollte von Seiten des Therapeuten von Einfühlungsvermögen, Akzeptanz und Echtheit geprägt sein. Damit sich Vertrauen entwickeln kann, ist es wichtig, dass der Therapeut auch von sich selbst – therapeutisch wertvolle – Dinge preisgibt, um das Vertrauen zu fördern. Dies hat immer im Rahmen von

Echtheit zu geschehen, so dass der betroffene Mensch lernt, wie der andere „tickt". Darüber hinaus sollte immer berechenbar – manchmal auch mit ein bis zwei Vorerklärungen – reagiert werden, so dass der betroffene Mensch lernt, seine – neue – Bezugsperson „auszurechnen".

Von Seiten des Menschen, der den Therapeuten aufsucht, ist die Motivation vonnöten, an sich selbst zu arbeiten, die Kooperation mit dem Therapeuten und die Bereitschaft zur Selbstreflektion mit Ehrlichkeit, Einsicht und Einverständnis in den – auch manchmal unangenehmen – Prozess. Alle diese Faktoren können nur auf grundsätzlichem Vertrauen zum Therapeuten basieren. Die therapeutische Beziehung beinhaltet die grundlegende Möglichkeit für den Menschen, der an sich arbeiten will, zwischenmenschliche Beziehung in einem Schutzraum zu üben. Schutzraum bedeutet, dass der Therapeut gewährleistet, dass er die zwischenmenschliche Wechselwirkung von seinem Standpunkt aus erklärt und sein Verhalten stets als Reaktion auf den anderen zu verstehen ist. Dies gilt bis hin zu einer Therapiepause oder einem Therapieabbruch von Seiten des Therapeuten, wenn er den anderen als nicht therapiefähig erlebt. Jedoch sollte stets, dem Menschen, der dem Therapeuten gegenüber sitzt, erklärt werden, warum er was an dem anderen auf eine bestimmte Art und Weise erlebt, und warum es bei dem Therapeuten zu einem bestimmten Verhalten führt.

Daher beobachte ich mit großer Sorge, wie sowohl politisch als auch medial die Therapeuten im Allgemeinen als „korrupt", „stets auf ihren Vorteil bedacht", „faul" und „fahrlässig" dargestellt werden. Parallel dazu werden die Menschen, die krank sind, dargestellt, als wollten sie „nur teure Medikamente, Kuren, Massagen und Krankschreibungen, und das auch noch ohne jeden medizinischen Grund". Im Grunde ist das auch nichts Neues, nur werden die Behandler und die Menschen, die Behandlung suchen, gegeneinander in Stellung gebracht im Rahmen eines Gesundheitssystems, was plötzlich „wirtschaftlich" sein soll, nachdem über 2.000 Jahre Menschheitsgeschichte klar war, dass die Versorgung von Kranken eine zivilisatorische Errungenschaft ist, die eine Gesellschaft leistet, nicht etwas, mit dem sich im Sinne von börsennotierten Unternehmen Profit generieren lässt.

Dies führt dazu, dass es zu einer immer schlechteren Versorgung von Menschen in großer Not kommt, da es gesundheitspolitisch sowohl an einem angemessenen Problembewusstsein frei von Lobbyinteressen wie an einem Gestaltungswillen über die jeweilige Legislaturperiode hinaus mangelt. Diese Frontstellung schürt gegenseitiges Misstrauen, was der Grundlage einer jeden Behandlung entgegensteht. Wenn der Behandler, dem Menschen, der ihn aufsucht, nicht mehr alles glaubt, und der Mensch, der Hilfe sucht, meint, er könnte dem Behandler nicht mehr alles erzählen, weil dies zu seinem Nachteil interpretiert würde, oder der Behandler würde ihm hilfreiche Faktoren aus Gewinnstreben vorenthalten, dann ist nicht nur die gegenseitige Kommunikation und die therapeutische Beziehung zum Scheitern verurteilt, sondern auch die gesamte therapeutische Kunst.

Es ist also von grundlegender Bedeutung, immer wieder daran zu arbeiten, aufeinander mit gutem Willen und Zutrauen zu zugehen. Immer und zu 100 Prozent wird dies nicht möglich sein. In diesem Fall ist es wichtig, dass der Hilfesuchende sich einen Behandler sucht, bei dem ihm dies möglich ist. Zudem ist von Seiten des Patienten das Vertrauen in die Seite der Behandler häufig dadurch getrübt, dass immer der Generalverdacht besteht – durch den mittlerweile allgegenwärtigen effizienzversessenen Grundton der Debatte, dass es Leistungen gibt, die den anderen, meistens den Privatpatienten vorbehalten bleiben.

Letztendlich bleibt aber auch den Hilfesuchenden keine andere Möglichkeit, als irgendwann jemandem zu vertrauen, dessen Kompetenz man in letzter Instanz nicht durchschaut. Hier endet häufig zu Lasten des Hilfesuchenden die Legende des bis ins letzte aufgeklärten Menschen in einem grundlegenden Paradox des Lebens: Wie kann ich mich den Kräften eines anderen überlassen, wenn ich mich wie im Fall einer Erkrankung auf meine eigenen Kräfte nicht mehr verlassen kann und somit das Konzept eines störungsfreien Funktionierens meiner Welt Risse erhält?

Auch für den Behandler wird das Aufbringen von Vertrauen in den Patienten nicht immer möglich sein, aber er sollte diesem immer wieder mit Vertrauen und gutem Willen entgegentreten. Ich bin davon überzeugt, dass der Arzt- und Therapeuten-Beruf keine Dienstleistung ist, die man einfach ordern kann, sondern dass nur gemeinsam an einem zufriedenstellenden Werk für die Gesundheit und das

Wohlbefinden des Hilfesuchenden gearbeitet werden kann.

Medikamente

Wie unter „Krankheitsbildern" beschrieben, kann es notwendig sein – wenn das biochemische Stoffwechselgleichgewicht bereits „gekippt" ist, eine medikamentöse Behandlung einzuleiten. Viele Menschen begeben sich in eine psychiatrische oder psychotherapeutische Behandlung am Ende eines langen Irrwegs durch die Praxen der verschiedensten Ärzte anderer Fachrichtungen. Den meisten Menschen ist bei längeren unklaren Leiden der Wunsch nach einer handfesten organischen Ursache gemeinsam, die sich einfach bekämpfen lässt.

Das Aufsuchen eines psychiatrischen oder psychotherapeutischen Behandlers wirkt leider immer noch wie eine Art Bankrotterklärung der Fähigkeit, auch in der Krankheit ein gewisses Maß an Selbstbestimmung zu bewahren. Die Trennung zwischen „geduldetem", körperlichen Leiden und aus Scham verdrängter seelischer Pein ist nach wie vor sehr präsent.

Sie war in den Frühzeiten der wissenschaftlichen Medizin sicher auch mal nützlich, damit sich die einzelnen Fachdisziplinen eigenständig entwickeln konnten. Leider wurde es später versäumt, diese Perspektive wieder zu einer allgemeinen Ansicht von Krankheit zusammen zu führen.

Daher gibt es heute schon fast widerstreitende Ansichten, wie man dem Leid Herr wird. Ist es beispielsweise bei Depressionen der richtige Weg, das Übel lebensgeschichtlich an der Wurzel zu packen im Rahmen einer aufarbeitenden Psychotherapie oder können letztlich nur Pillen helfen. An der Schnittstelle dieser weltanschaulichen Zuspitzungen steht häufig ratlos der betroffene Mensch. Hier findet sich aber auch der seelische Behandler wieder, der mit diesen Ideologien umzugehen hat. Die häufige Schwere des individuellen Leidens bringt es dann auch mit sich, dass die Menschen angesichts dieser Frontstellungen auf der Suche sind nach klaren und eindeutigen Antworten. Die gibt es aber leider auch hier nicht als Patentrezept. Das Optimum dessen, was man in der Behandlung des Leidens zusammen erreichen kann, ist immer der dauerhaft zu leistende Kompromiss zwischen Aufarbeitung und Behandlung des Problems. Unterschiedliche menschliche Schicksale und Erfahrungen lassen hier von Fall zu Fall das Pendel mal mehr zur einen, mal stärker zur anderen Seite ausschlagen. Beiden Behandlungsrichtungen gemeinsam ist aber, dass sie für den betroffenen Menschen immer einiges an Beschwernissen mit sich bringen, da auch hier Entwicklung mit Problemen verbunden ist.

Einnahme von Medikamenten: In Anbetracht dieser Handlungsmöglichkeiten spitzt sich für viele Menschen die Problematik im Seelischen noch einmal zu. Im Stile eines Glaubensbekenntnisses höre ich häufig Sätze wie „für Medikamente bin ich nicht der Typ." Hier sollte der betroffene Mensch wissen, dass die Auswahl der richtigen Arznei und dessen Dosierung ein wichtiger

Pfeiler eines Behandlungskonzeptes sind. Gerade bei sehr schweren seelischen Erkrankungen ist der Mensch allein schon durch die körperlichen Beschwerden selten in der Verfassung, seine Probleme rein durch Gespräche im Rahmen einer Psychotherapie zu lösen. Der Grad der Erschöpfung und/oder Unruhe lässt das erst einmal gar nicht zu. Eine nach fachlicher Übereinkunft seriöse Behandlung beinhaltet in jedem Fall eine medikamentöse Akutbehandlung, um eine Selbstgefährdung auszuschließen und einen Aufarbeitungsprozess überhaupt erst zu ermöglichen.

Häufig hört man hier auch den Einwand, dass das Problem ja auch erst durch schief gelaufene wie auch immer geartete zwischenmenschliche Beziehungen entstanden sei und deshalb auch rein zwischenmenschlich wieder zu lösen sein muss. Diese Haltung lässt aber außer Acht, dass unser hormonelles System zwar von äußeren Faktoren beeinflusst wird, aber nach langer Schräglage anfängt ein Eigenleben zu führen, das sich dann verbesserten äußeren Einflüssen durchaus entziehen kann.

Um es an einem einfachen Bild deutlich zu machen: Wenn ein Mensch jahrelang zu kleine Schuhe trägt, gehen die Hühneraugen nicht dadurch weg, dass er danach immer barfuß läuft. Die entstandenen Narben und Verletzungen wuchern, reizen gesundes Gewebe und bringen den Menschen im schlimmsten Fall dauerhaft zum Hinken.

Die Seelenheilkunde betrachtet im Wesentlichen die grundlegenden körperlichen Wechselwirkungen mit seelischen Befindlichkeiten. Hier kommen dann sinnvollerweise auch Medikamente zum Einsatz, wenn sie nötig sind.

Dem stehen viele Menschen sehr kritisch gegenüber. Das hängt sicher auch damit zusammen, dass die Medikamente besonders in früheren Zeiten starke Nebenwirkungen hatten und immer im Verdacht standen, abhängig zu machen. Antidepressiva und vergleichbare Medikamente führen aber definitiv zu keiner Abhängigkeit und verändern nicht die Persönlichkeit. Außerdem hat hier die pharmazeutische Forschung immer zielgenauer wirksame Präparate mit minimierten Nebenwirkungen hervorgebracht.

Trotzdem gibt es sie, diese Nebenwirkungen, und sie sind durch den besonderen Wirk-Ort auch anderer Natur als zum Beispiel bei Herzmedikamenten. Häufig beschrieben werden anfängliche Müdigkeit, Übelkeit, Schwindel und Gewichtszunahme. Hier ist gerade in den ersten Wochen Geduld und eine sehr genaue Auswahl des Präparates gefragt. Man sollte sich vor Augen halten, dass man hier zur Verbesserung des Zustandes in einen sehr komplizierten Stoffwechsel – den des Gehirns - eingreift. Umstellungsprozesse sind hier nicht ganz unkompliziert und bedürfen einer systematischen Ausführung und gemeinsamen Beobachtung, erfordern von dem betroffenen Menschen aber auch ein hohes Maß an Einnahme-Disziplin.

Zu den Nebenwirkungen sei noch erwähnt, dass die in unserem Gehirn wirksamen Botenstoffe häufig in verschiedenen Gehirngebieten gleichzeitig mit unterschiedlichen Aufgaben befasst sind. Bei der

Vielzahl der in einem Gehirn zu erledigenden Aufgaben gibt es keine nur an einzelnen Regionen aufzufindenden Stoffe. Vielmehr ist die Anzahl der Botenstoffe endlich, so dass die einzelnen Stoffe Meister des Multi-Taskings sind. Wird jetzt bei einer bestimmten Diagnose angestrebt, in einem erkrankten Gehirnbereich die Aktivität eines oder mehrerer bestimmter Botenstoffe zu beeinflussen, wird somit auch in anderen Hirnregionen derselbe „Alles-Könner" kurzfristig beeinflusst werden in der Ausübung seiner an dieser anderen Stelle wahrscheinlich anders gelagerten Aufgabe. Die Gleichgewichte in den anderen Bereichen pendeln sich jedoch wieder ein und so vergehen die Nebenwirkungen.

Jeder kann sich sicher sein, dass ihm immer nur das Nötigste verordnet wird, ihm keine vermeidbaren Belastungen zugemutet werden und die verschiedenen Problembereiche (Leiden und Nebenwirkungen) sorgfältig abgewogen werden. Dem Arzt ist ebenso wie dem betroffenen Menschen jede Tablette lieb, die jemand nicht nehmen muss, manche sind aber für das Wohlergehen unerlässlich. Gerade das seelische Wohlergehen sollte einem zumindest genauso viel Geduld wert sein wie das körperliche – so man denn bei dieser Trennung bleiben möchte. Jeder kann sich einmal vergegenwärtigen, welche Nebenwirkungen er angesichts anderer Erkrankungen in Kauf zu nehmen bereit wäre.

Um anhand eines Vergleichs das Verständnis der Anfangsprobleme zu erleichtern, kann man darüber nachdenken, ob man bei einem Beinbruch den Gips entfernen würde, weil einen das Bein darin juckt. Aller

Wahrscheinlichkeit nach wäre einem bewusst, dass ohne Gips das Bein nicht wieder grade zusammen wächst. Auch bezüglich der Dauerhaftigkeit der Einnahme sei ein Vergleich gestattet: Schilddrüsenhormone nehmen viele Menschen selbstverständlich dauerhaft ein, ohne sich viele Gedanken darüber zu machen.. Viele seelischen Erkrankungen sind eine vergleichbare – nur besser heilbare – Stoffwechselerkrankung wie es die Schilddrüsenüber- oder -unterfunktion ist- diesmal im Stoffwechsel des Gehirns.

Das sagt –wie oben erwähnt- nichts über die Ursachen aus, die den Stoffwechsel ins Ungleichgewicht gebracht haben, genauso wie die Schilddrüse kann sich das Gehirn aber ab einem bestimmten Grad des Leidens nicht mehr selbst heilen.

Darum sollte dem betroffenen Menschen bei einigen seelischen Erkrankungen klar sein, dass auch hier Linderung oder Heilung nur durch geduldige und langfristige Arbeit – eben auch mit Medikamenten - zu haben ist.

Wegen dem gewissen Misstrauen in der Öffentlichkeit gegenüber Psychopharmaka untersuchten Forscher die Wirkung und konnten beweisen, dass diese denen von Arzneien anderer Disziplinen in nichts nachsteht. Antidepressiva, die in der Akutbehandlung tatsächlich etwas schlechter als manches internistisches Medikament abschnitten, erzielten in der Dauerbehandlung bessere Ergebnisse als viele Herz-Medikamente. (Leucht et al., 2012)

Antidepressiva

Antidepressiva sind Medikamente, die in die Regulation der Botenstoffe des Gehirns eingreifen. Sie manipulieren nicht, sondern normalisieren die stofflichen Abläufe im zentralen Nervensystem. Sie machen nicht abhängig. Wenn jemand sie einnehmen sollte, der keine Depression hat, wird er außer vielleicht leichten Nebenwirkungen kaum etwas davon merken. Trotzdem ist es natürlich wichtig, eine genaue Indikation zur Verwendung jedes einzelnen Wirkstoffes zu stellen. Niemand möchte unnötige oder zu viele Medikamente einnehmen.

Die Antidepressiva verlangsamen generell den Abbau der im Zuge einer Depression, Angst- oder Zwangserkrankung zu geringen Botenstoffe, so dass sich dadurch indirekt deren Spiegel wieder erhöht. Daraufhin reduzieren die Zellen wiederum die zu hoch regulierten Empfangsstellen, die Rezeptoren, und die Depression, Angst- oder Zwangserkrankung verschwindet langsam. Weil zunächst die Spiegel rasch normalisiert werden, entwickeln sich anfangs häufig Nebenwirkungen wie Übelkeit oder Müdigkeit, die aber nach Normalisierung der Spiegel zügig verschwinden. Bis die Zellen die Rezeptoren reduziert haben, dauert es zwei bis vier bis sechs Wochen. Deshalb dauert es auch ungefähr so lange bis die Depression, Angst- oder Zwangserkrankung merkbar nachlässt. Daraus erklärt sich, dass man zunächst einige Tage gegebenenfalls nur einige Nebenwirkungen verspürt, es dann eine Zeit lang dauert bis man die tatsächliche Wirkung feststellen kann.

Erfreulicherweise lassen sich anfängliche Nebenwirkungen wie die Müdigkeit auch ausnutzen, um beispielsweise den Schlaf wieder zu regulieren.

Absetzphänomene bei Antidepressiva

Weil mittels der Antidepressiva indirekt die Spiegel der Botenstoffe im zentralen Nervensystem erhöht werden und der Körper nicht mehr so viele selbst zu bilden braucht, kann es sein, dass die Spiegel der Botenstoffe, besonders bei zu schnellem Absetzen der Antidepressiva plötzlich wieder absinken.

Der Körper und das biochemische System haben dann noch nicht gemerkt, dass wieder ausreichend Botenstoffe selbst gebildet werden sollen. Die Absetzphänomene werden häufig als "Entzug" missverstanden, sind aber kein Zeichen von Abhängigkeit. Wegen ihrer indirekten Wirksamkeit machen Antidepressiva niemals abhängig. Absetzphänomene sind ein Zeichen dafür, dass das Medikament langsamer und schleichender reduziert werden sollte und treten daher auch eher bei Antidepressiva mit kurzer Halbwertszeit auf. Aus diesem Grunde entwickeln sich auch typische ängstliche und depressive Symptome als Absetzerscheinungen, wie Unruhe, Schweißausbrüche, "Grippesymptome", Übelkeit und Erbrechen, Schlafstörungen, Angst und Depression.

Benzodiazepine

Benzodiazepine gehören zur Gruppe der Beruhigungs- und Schlafmittel. Benzodiazepine wirken jedes mehr oder weniger angstlösend, schlafanstoßend, muskelentspannend und krampfanfalllösend. Daher finden sie in der Psychiatrie und Neurologie noch immer große Anwendung - wenn es nicht anders geht. Das Hauptproblem ist, dass nach regelmäßiger Einnahme über längere Zeit Abhängigkeitsphänomene auftreten. Bei Depressionen oder Psychosen ist die Gabe häufig trotzdem notwendig und kann nach einem Schema auch meist problemlos wieder reduziert und abgesetzt werden. Bei Persönlichkeitsproblematiken, Angsterkrankungen und Trauma-Folge-Erkrankungen sollte ihr Einsatz nur äußerst kritisch erfolgen, ist aber auch in seltenen Fällen nötig.

Neuroleptika

Neuroleptika sind Medikamente, die bei Psychosen, psychotischen Symptomen oder beispielsweise auch bei Demenzen, Verwirrtheitszuständen und manischen Symptomen den Dopamin-Stoffwechsel regulieren. Manche blockieren bestimmte Dopamin-Empfangsstellen der Zellen, andere regulieren auch die Ausschüttung von Dopamin. Damit werden Sinnestäuschungen, wie Halluzinationen, behandelt, aber auch ganz allgemein "die Gedanken sortiert". Diese Medikamente machen nicht abhängig und verändern nicht die Persönlichkeit.

Unter Umständen können sie allerdings stark beruhigend wirken, was nicht in diesem Ausmaß erwünscht ist. Deshalb muss bei der Verordnung eine enge Kommunikation zwischen Arzt und betroffenem Mensch erfolgen. Der betroffene Mensch sollte die Einnahme unbedingt wie abgesprochen vornehmen und bei Beschwerden Rücksprache nehmen. Der Arzt sollte unbedingt die Einwände des anderen ernst nehmen und die bestmögliche Verträglichkeit anstreben.

„Alt hergebrachte" oder "typische" Neuroleptika haben oft Bewegungseinschränkungen als Nebenwirkungen, wie Muskelsteifigkeit und ein eingeschränktes Gangbild. „Moderne" oder "atypische" Neuroleptika sind wesentlich besser verträglich und haben höchstens individuelle Nebenwirkungen, wie manchmal anfangs Müdigkeit oder auch Unruhe, die aber nach ein paar Tagen, wenn sich die Spiegel der Botenstoffe normalisiert haben, verschwinden.

Stimmungsstabilisatoren

Dies sind Medikamente, die meistens früher bei Epilepsie eingesetzt wurden, wo sie auch die Stabilität der elektrischen Übertragung der Nervenzellen erhöhten. Auf vergleichbarem Wege stabilisieren sie auch die Stimmung in anderen Bereichen des Gehirns. Zu den Stimmungsstabilisatoren zählt auch Lithium, welches eine Sonderstellung hat.

Schlafmittel

Mittlerweile wurde eine weitere Gruppe von Schlafmittel, die nicht zu den Benzodiazepinen gehören, erforscht, die eine Mittelstellung einnehmen. Sie lassen die Schlafstruktur unberührt und verursachen keine Abhängigkeit, heilen allerdings auch nicht die Ursache von Schlafstörungen oder die

Schlafstruktur. Bei kurzfristigen Schlafstörungen können sie zur Verwendung kommen.

Psychotherapie

Die Psychotherapie ist ein Verfahren, bei dem man sich mit Hilfe der therapeutischen Gespräche seine eigenen Wahrnehmungen, Erlebnisweisen und deren Interpretation sowie die daraus folgenden Verhaltensweisen bewusst macht. Im Laufe des therapeutischen Prozesses lernt man, neue Wege im Umgang mit seinen Schwierigkeiten zu finden.

Neben dem obersten Ziel, Beschwerden zu lindern und Wohlbefinden zu fördern, arbeitet man gemeinsam mit dem betroffenen Menschen daran, das Verständnis und die Wertschätzung der eigenen Person zu verbessern.

Jede Realität entwickelt sich erst durch die „Linse" von Wahrnehmung, Verarbeitung und Reaktion zur individuellen Wirklichkeit. Jede vermeintlich „neutrale" oder „objektive" Beobachtung ist immer der Blick durch die individuelle Linse von Wahrnehmung, Verarbeitung und Reaktion darauf.

Demgemäß entsteht individuelles Leiden (aus vergangenen Problemen und aktuellen Problemen, die durch die individuelle Linse von Wahrnehmung, Verarbeitung und Reaktion empfunden werden. Zugänglich ist vor allem die Linse von Wahrnehmung, Verarbeitung und Reaktion, die bewusst gemacht und entsprechend der eigenen Vorstellungen modifiziert werden soll.

Verhaltenstherapeutische Methoden

Die verhaltenstherapeutischen Methoden betonen die Analyse des aktuellen Verhaltens sowie der Gefühls- und Gedankenstrukturen, wozu durchaus auch Überlegungen gehören, welche Entstehungsfaktoren zu einem Muster geführt haben. Ein weiterer Schwerpunkt liegt auf dem Einüben alternativer Verhaltensweisen, Fühl- und Denkmuster. Es werden auch lebensgeschichtliche und persönliche Besonderheiten berücksichtigt.

Tiefenpsychologische Methoden

Die tiefenpsychologischen Methoden betonen die lebensgeschichtlichen und persönlichen Besonderheiten in der vergangenen und zukünftigen Entwicklung des Menschen. Dem „Unbewussten" als im Menschen ruhender Pool von Wissen und Beweggründen wird hierbei eine Schlüsselrolle zugeschrieben. Die Analyse des „Warum" und „Woher" führt zu bewussten Einsichten, die wiederum zu einer Analyse der Verhaltensweisen, Fühl- und Denkmuster genutzt werden können. Die „klassische Psychoanalyse" ist die ursprüngliche und besondere Form dieser Verfahren, bei dem der Mensch flach liegen und „frei assoziieren" soll. Das bedeutet, dass der Mensch seinen Gedanken völlig freien Lauf und sich dabei von den sich entwickelnden Themen selbst überraschen lässt.

Methodischer Aussöhnungsversuch

Meiner Ansicht nach ist auch hierbei die optimale Methode, beide Verfahren miteinander zu verbinden, das „Sowohl-als auch". Man kann so viel üben wie man will, wenn man nicht auch ein wenig versteht, wie sich innere Abläufe entwickeln und entwickelt haben, wird sich daraus keine wirkliche innere Sicherheit bilden lassen. Andererseits kann man so viel verstehen und so viel Einsicht gewinnen, wie man will, wenn man nicht auch Verhaltensalternativen einzuüben lernt, wird man vielleicht klüger, aber im praktischen Sinne kaum von der Stelle kommen.

„Die Therapie sollte verstehen wollen, was im aktuellen Moment im Leben des betroffenen Menschen vor sich geht. Der therapeutische Prozess ist gleichermaßen einzigartig wie unbeschreiblich, weil er auf der Beschaffenheit zweier einzigartiger und unbeschreiblicher Personen beruht, nämlich dem betroffenen Menschen und dem Behandler. Dies sind zwei Personen, die darin übereingekommen sind, vorerst einmal mehr Aufmerksamkeit auf den Entwicklungsprozess des einen legen zu wollen, nämlich des betroffenen Menschen. Eine Therapie sollte nicht an sich heilen, weil man weiß, dass man nur dem Einzelnen helfen kann, sich selbst zu helfen. Der therapeutische Prozess sollte nicht darauf aus sein, eine bestimmte Wirkung zu erzielen, sondern sich als Katalysator verstehen, um einen Prozess zu beschleunigen und zu vereinfachen, der sich früher oder später sowieso eingestellt hätte, mit oder ohne Therapeut. Die Therapie sollte meines Erachtens mehr einem Lernprozess ähneln. Die Aufmerksamkeit sollte viel eher

auf dem Fühlen als auf dem Denken, eher auf dem Tun als auf dem Planen, auf dem Sein als auf dem Haben, auf der aktuellen Gegenwart als auf Vergangenheit oder Zukunft liegen. Es soll herausgefunden werden, was in dem Menschen, der die Therapie aufsucht, vor sich geht, und wozu er in eine solche Situation hineingeraten ist." (Nach Jorge Bucay, 1999)

Achtsamkeitstraining

Das Achtsamkeitstraining verankert uns im Augenblick, hilft zu „entschleunigen", Kopf und Herz in Einklang zu bringen, Intuition und Identitätsgefühl zu stärken und fördert innere Zufriedenheit.

Das Achtsamkeitstraining arbeitet damit, dass wir zum Beobachter, zum Regisseur, unserer Körperwahrnehmungen, Gefühle und Gedanken werden. Wir *sind* nicht unsere Körperwahrnehmungen, Gefühle und Gedanken, sondern wir *haben* Körperwahrnehmungen, Gefühle und Gedanken. Indem wir sie aus einer Beobachterposition wahrnehmen lernen, können wir auch lernen bewusster mit ihnen umzugehen, sie zu akzeptieren und sanft und freundlich in eine für uns hilfreiche Richtung fließen zu lassen.

Es ist quasi ein Training für den Geist, wie „Body Building" für den Geist.

Wissenschaftlich nachgewiesene Auswirkungen von Achtsamkeitstraining, Meditation und Yoga

- Verbesserung der geistigen Fähigkeiten (Aufmerksamkeit und Konzentration) und sichtbare Veränderungen in den dafür zuständigen Hirnregionen
- Verbesserung von Stimmung, Gedächtnis, Aufmerksamkeit, Konzentration und intellektuellen Fähigkeiten (Wake Forest University School of Medicine, Winston-Salem)
- Verminderung von Angst, Müdigkeit und Stress-Reaktionen Verbesserung der Gefühlsregulation, wie von Ärger oder Zorn (Yale-Universität)
- Förderung von Gelassenheit und Selbstbeherrschung (Harvard Medicine School)
- „Der Körper folgt dem Geist." Mönche konnten 3°C kalte, nasse Handtücher auf dem Oberkörper trocknen. Aber auch untrainierte Menschen konnten Muskulatur aufbauen, den Blutdruck senken, chronischen Schmerz reduzieren, Schlafstörungen verbessern, Medikamentennebenwirkungen (Chemotherapie) verringern, Angstzustände und Depressionen reduzieren und Migräne-Stärke und -Häufigkeit verringern. (Harvard Medicine School)

Fortsetzung: Wissenschaftlich nachgewiesene Auswirkungen von Achtsamkeitstraining, Meditation und Yoga
- „Das Gehirn unterscheidet nicht zwischen dem, was wir tatsächlich erleben, und dem, was wir uns vorstellen." Nachweis von psychotherapeutischer Wirksamkeit (MPI-München), Aktivierung von Selbstheilungskräften
- Verminderung des Altersabbaus von Gehirnzellen in der Großhirnrinde wie bei Demenzen

Selbstwerttraining

Selbstwerttraining fördert das Selbstwertgefühl und Selbstvertrauen – vor allem unabhängig von Leistung und Anerkennung. Das Selbstwertgefühl wird stärker im Menschen an sich verankert und man lernt, mit der eigenen Person freundlicher und wohlwollender umzugehen. Hierzu gehört auch die Harmonisierung von „inneren kindlichen" und „inneren erwachsenen Anteilen", der sogenannten „Versöhnung mit dem inneren Kind", die zu einer harmonischeren und wohlwollenden Kooperation von Verstand und Gefühl, Kopf und Herz führt.

Im Rahmen des Selbstwerttrainings arbeiten wir einerseits mit den ältesten seelischen Anteilen, die sich schon am längsten in uns befinden, unseren kindlichen seelischen Anteilen, die am engsten mit unseren Gefühlen, Wünschen und Bedürfnissen verbunden sind. Andererseits arbeiten wir mit den seelischen Anteilen, denen Dinge beigebracht wurden, die häufig streng oder rigoros mit sich selbst sind, den sogenannten erwachsenen inneren Anteilen. Es geht uns darum, diese beiden großen Anteile in ein harmonisches Miteinander zu bringen und uns selbst davon zu überzeugen, dass wir vollkommen in Ordnung sind, so wie wir sind. Selbstverständlich verhalten wir uns manchmal schädlich – wir sind Menschen. Jedoch hat dies keine Konsequenzen auf unseren Wert, auf unser So-Sein.

Dazu ist es auch wichtig, zu lernen, dass wir zu einhundert Prozent verantwortlich für unser eigenes Leben, unser eigenes Glück sind – was schwierig genug ist – und gar nicht verantwortlich für das Glück anderer. Das können und dürfen wir auch gar nicht sein, da wir den Mitmenschen sonst klein, schwach und abhängig machen würden. Wir können den Mitmenschen natürlich fördern und unterstützen, aber wir können in keinem Fall die Verantwortung für sein Glück übernehmen. Aber im Gegenzug müssen wir die Verantwortung für unser eigenes Glück übernehmen. Nur dann können wir an Körper, Geist und Seele heil, glücklich und zufrieden werden.

Wenn wir uns also mit Hilfe der therapeutischen Begleitung erstens davon überzeugen, dass wir vollkommen in Ordnung sind, so wie wir sind, und zweitens die Verantwortung für unser eigenes Leben und unser eigenes Glück zu hundert Prozent in die eigenen Hände nehmen, dann ist es nicht mehr schwierig, heil, glücklich und zufrieden zu werden bzw. zu sein.

Hypnotherapie

Während der Hypnotherapie kommt die tiefenentspannende Wirkung der Hypnose zur Anwendung. Ihre Wirksamkeit ist wissenschaftlich gut belegt. Insbesondere wurden mit den Methoden der Kernspinresonanztomographie (MRT) und der Elektroenzephalographie (EEG) hirnphysiologische Korrelate der Tiefenentspannungszustände klar nachgewiesen. Bereits wenige Sitzungen können deutliche Veränderungen bewirken. Die Hypnotherapie kann beispielsweise zur Behandlung von Depressionen, Sprechstörungen, zur Steigerung des Selbstwertgefühls, zum Stressabbau oder bei Schlafstörungen eingesetzt werden.

Auch bei der Behandlung von chronischen Schmerzen in Verbindung mit einem verhaltenstherapeutischen Kurzprogramm konnte eine deutliche Reduktion der Schmerzstärke nachgewiesen werden. Auch Trauma-Folge-Erkrankungen können vorsichtig behandelt werden. Die Hypnotherapie arbeitet auf tiefenpsychologischer Basis unter Einbeziehung der Techniken und des Menschenbildes von Milton Eriksson. In den Ruhe-Übungen werden Methoden des Autogenen Trainings, der Progressiven Muskelentspannung und der Hypnotherapie kombiniert.

Hypnose

Mit diesem Verfahren wird durch einen vorübergehend geänderten Bewusstseinszustand eine Tiefenruhe erreicht.

EMDR = Eye Movement Desensitization and Reprocessing

Bei dem EMDR handelt sich um eine von Francine Shapiro entwickelte hoch wirksame Psychotherapie-Methode, mit der traumatisch verarbeitete belastende Erlebnisse verarbeitet werden. Jeder Mensch kennt vielfältige mehr oder weniger belastende Erlebnisse, welche zu etwa 90 Prozent gesund verarbeitet werden. Das heißt, die Verarbeitung erfolgt "plastisch", unsere Erinnerung verändert sich, wir erzählen die Geschichte, um die es geht in sechs Monaten anders als drei Monate später, das Gefühl verändert sich bis es uns vielleicht irgendwann egal ist. Andere belastende Erlebnisse werden "traumatisch" verarbeitet, das heißt, die Erinnerung wird quasi "eingefroren".

Untersucht man Menschen mit traumatisch verarbeiteten belastenden Erinnerungen mit funktionell bildgebenden Untersuchungen vom Kopf und spielt ein Tonband mit der Beschreibung des belastenden Erlebnisses ab, stellt man fest, dass sich Erinnerungszentren aktivieren. Aber es werden auch in großem Ausmaß Gefühlszentren aktiviert und Zentren, die sich sonst aktivieren, wenn der Mensch wirklich etwas sieht, hört oder riecht. Das heißt, es kommen die alten Gefühle, Bilder, Geräusche oder Gerüche wieder. Hinzu kommt, dass sich die Aktivität des Frontalhirns, wo die Persönlichkeitsstruktur, höhere Werte und die Gefühlsregulation lokalisiert sind, stark vermindert. Im "Alarmfall" ergibt dies Sinn, denn da soll der Mensch fliehen oder kämpfen, sich aber nicht mehr mit höheren Werten oder der Regulation von Gefühlen beschäftigen.

Das EMDR arbeitet vorwiegend mit horizontalen Augenbewegungen (neben "Tapping", leichten Klopfberührungen, und anderen "bilateralen", also zweiseitigen und wechselseitigen, Reizen). Diese aktivieren einerseits wie bei der steinzeitlichen Orientierung in der Steppe, den Entspannungsreflex als Gegenspieler zum Flucht- oder Alarmreflex. Andererseits wird ähnlich wie beim REM-Schlaf (Rapid Eye Movement) eine Art unterbewusste Verarbeitung angestoßen, so dass schrittweise die gesunde Verarbeitung nachgeholt werden kann.

Grundvoraussetzungen für das EMDR sind die standardmäßigen Grundvoraussetzungen für die Psychotherapie, also

- Motivation

- Kooperation

- Selbstreflektion mit Ehrlichkeit, Einsicht und Einverständnis in den Prozess

Darüber hinaus sollte Alltagsstabilität, also aktuell keine Krisen vorliegen. Die Gefühle sollten vom betroffenen Menschen selbst reguliert werden können. Der Zugang zu inneren Ressourcen wie dem "sicheren Ort" sollte bestehen. Die Gestalt des "Traumas" sollte sichtbar sein, das heißt der betroffene Mensch sollte wenigstens minimal darüber sprechen können.

Somit erfolgt eine Behandlung in Phasen. Begonnen wird mit der diagnostischen Phase, welcher die körperliche, soziale und seelische Stabilisierung folgen sollte. Nach der eigentlichen Phase der Trauma-Verarbeitung mittels EMDR kommt dann noch die therapeutische Phase der Stabilisierung und Neuorientierung.

EMDR ist international anerkannt als eine der effektivsten Methoden zur Behandlung der posttraumatischen Belastungsstörung. Die EMDR-Methode enthält Elemente vieler wirksamer Psychotherapieansätze, die in strukturierter Weise eingesetzt werden, um möglichst große Behandlungseffekte zu erreichen. Zu diesen gehören tiefenpsychologische, kognitiv-verhaltenstherapeutische, interpersonelle und körpertherapeutische Ansätze.

Im Überblick über alle wissenschaftlichen Studien zu EMDR zeigt es sich, dass EMDR die gleichen Behandlungseffekte wie andere bewährte Behandlungsmethoden erreicht, dazu jedoch 40% weniger Behandlungszeit. Nach bereits einer oder mehrerer erfolgreichen EMDR-Behandlung erleben sich die meisten Patienten deutlich entlastet, negative Überzeugungen können – auch von der Gefühlsebene her – neu und hilfreich formuliert werden und die physiologische Erregung klingt deutlich ab.

EMDR wurde von Dr. Shapiro in erster Linie zur Behandlung belastender Erinnerungen bei posttraumatischer Belastungsstörung entwickelt. Dennoch zeigt sich die Methode auch bei anderen

Störungsbildern, die durch belastende Erlebnisse mit verursacht werden, ebenfalls als wirksam, z. B.

- Anpassungsstörungen,
- traumatischer Trauer nach Verlusterlebnissen,
- akuten Belastungsreaktionen kurz nach belastenden Erlebnissen,
- komplexen Trauma-Folge-Erkrankungen viele Jahre nach schweren Belastungen in der Kindheit,
- rezidivierenden Angst- und Depressions-Krankheiten.

Wissenschaftliche Studien zeigen, dass EMDR auch beispielsweise in der Behandlung von Phantomschmerzen wirksam ist. Obwohl EMDR auf den ersten Blick einfach erscheint, ist es ein hoch wirksames Verfahren, das nicht ohne Nebenwirkungen ist. Eine Behandlung mit EMDR sollte daher nur von entsprechend fortgebildeten Psychotherapeuten (Ärztliche und Psychologische Psychotherapeuten und approbierte Kinder- und Jugendlichen-Psychotherapeuten) durchgeführt werden.

Die Verarbeitung von toxischem Stress ist nicht einfach und nicht unbedingt angenehm, aber letztlich der einzige Ausweg. Sie führt zu Selbstverständnis und Selbstakzeptanz, zur Loslösung von Altem, das noch in die Gegenwart hineinreicht und die eigene Entwicklung und Lebensfreude beeinträchtigt. Die Integration von voneinander getrennten Körper-Seele-Geist-Anteilen, das Erlangen von stärkerer Kontrolle über Gefühls- und Körperzustände, einer Verbesserung von chronischen Beschwerden und neuen Lösungsmöglichkeiten für

Problemsituationen stellen hier schrittweise sowohl Methode als auch Ziel dar.

"Eine bessere Stabilität ist ohne inneres Prozessieren (Verarbeiten) gar nicht denkbar." Michaela Huber

Wenn die Verarbeitung angeregt wird, kann es zu Schmerzwellen kommen, die plötzlich auftauchen und danach noch immer wieder und wieder gefühlt werden, manchmal wochenlang bis der toxische Stress ausreichend verarbeitet ist. Tröstlich ist hierbei das Wissen, dass es niemals wieder so schlimm wird wie „früher", da dies jetzt unter (innerem) Schutz, aus einer reifen und vor allem sicheren Position heraus erlebt wird.

Man kann zunächst unter diesen neuen Erkenntnissen und den neuen Verbindungen im Gehirn leiden. Oft werden sie zunächst noch an- und ausgeschaltet im Sinne eines: „Ach, ist doch alles Quatsch, ist ja doch nicht wahr...". Später bleiben die Erkenntnisse: „So war es, und es war damals wirklich schlimm, aber jetzt ist es vorbei, und auch mein Körper, mein Geist und meine Seele können es loslassen."

Wenn die Verarbeitung soweit erledigt ist, bleibt häufig eine Zeit der Fassungslosigkeit. Wie konnte jemand einen so in Not bringen und/oder einen in Not so im Stich lassen? Danach ist es dann vorbei und verarbeitet. (Huber, 2009)

„Wenn du Glück hast, wirst du Heilung in einer von dir erwarteten Art erfahren. Wenn du wirklich Glück hast, dann geschieht Heilung in einer Form, welche du dir nicht einmal erträumt hast – eine Heilung, die das Universum speziell für dich im Sinn hat."

Eric Pearl

Literaturverzeichnis und zugrunde liegende sowie weiterführende Literatur

- Adler et al. (2010): Uexküll Psychosomatische Medizin: Theoretische Modell und klinische Praxis.
- Alman BM und Lambrou PT (2011): Selbsthypnose: Ein Handbuch zur Selbsttherapie.
- Anda R et al. (2010): Adverse childhood experiences and frequent headaches in adults. Headache, 2010 Oct;50(9):1473-81. doi: 10.1111/j.1526-4610.2010.01756.x.
- Angenendt G et al. (2010): Praxis der Psychoonkologie: Psychoedukation, Beratung und Therapie.
- Appleton N (2012): 141 Reasons Sugar Ruins Your Health, Blog der klinischen Ernährungsberaterin Nancy Appleton
- Aron, Elaine (2008): Das hochsensible Kind
- Attwood T (2012): Ein ganzes Leben mit dem Asperger-Syndrom: Von Kindheit bis Erwachsensein – alles was weiterhilft.
- Bailey PM (2011): Psychologische Homöopathie: Die Persönlichkeitsprofile der 35 wichtigsten homöopathischen Mittel.
- Bäuml J (2008): Psychosen: Aus dem schizophrenen Formenkreis: Ein Ratgeber für Patienten und Angehörige.

- Baur, Willi (2012): Expertentreffen Psychoimmunologie: Epidemiologie stützt Labor-Ergebnisse
- Blech, Jörg (2008): Bruch des bösen Zaubers, in: Der Spiegel, Nr. 32, S. 110-112
- Bode S (2012): Kriegsenkel: Die Erben der vergessenen Generation.
- Bohus, Martin und Martina Wolf (2008): Interaktives Skills-Training für Borderline-Patienten
- Borghol N et al. (2012): Associations with early-life socio-economic position in adult DNA methylation. Int J Epidemiol. 2012 Feb;41(1):62-74. Epub 2011 Oct 20.
- Bourbeau L (2000): Dein Körper sagt: Liebe dich! Die metaphysische Bedeutung von über 500 Gesundheitsproblemen mit ihren emotionalen, mentalen und spirituellen Ursachen.
- Bourbeau L (2010): Vertraue, iss und beende die Kontrolle (Wie wir unsere wirklichen Bedürfnissen in jedem Augenblick erkennen): Wie Sie Ihr Leben und Ihre Beziehung zum Essen für immer verändern.
- Chopich EJ et al. (2009): Aussöhnung mit dem inneren Kind.
- Chopich EJ und Paul M (2005): Das Arbeitsbuch zur Aussöhnung mit dem inneren Kind.
- Deutscher Schmerz- und Palliativtag (2012)
- DGTHG – Deutsche Gesellschaft für Thorax, Herz- und Gefäßchirurgie (2012): Wenn das kranke Herz auf das Gemüt schlägt.

- Die Zeit (2012): Fundamentales Vertrauen. DIE ZEIT, 14. Juni 2012, S. 39
- Dreikus R und Soltz V (2011): Kinder fordern uns heraus: Wie erziehen wir sie zeitgemäß?
- Dyckhoff P (2004): Atme auf: 77 Übungen zur Leib- und Seelsorge.
- Dyckhoff P (2005): Geistlich leben im Sinne alter Klosterregeln.
- Dyckhoff P (2011): Das Ruhegebet einüben.
- Ebbinghaus A und Dörner K (2002): Vernichten und Heilen: Der Nürnberger Ärzteprozess und seine Folgen.
- Ebert, Dieter (2008): Psychiatrie systematisch. Bremen: UNI-MED
- Ekman P (2010): Gefühle lesen: Wie Sie Emotionen erkennen und richtig interpretieren.
- Estés CP und Rabben M (1997): Die Wolfsfrau – Die Kraft der weiblichen Urinstinkte.
- Felitti, VJ. (2002): The relationship of adverse childhood experiences to adult health: Turning gold into lead, in: Z Psychosom Med Psychother, Vol. 48, S. 359-369
- Ford ES et al. (2011): Adverse childhood experiences and smoking status in five states. Prev Med. 2011 Sep 1;53(3):188-93. Epub 2011 Jun 25.
- Forstmann, Burgmer und Mussweiler, Köln (2012): http://social-cognition.uni-koeln.de
- Fuller-Thomson E et al. (2010): Investigating the association between childhood physical abuse and migraine. Headache. 2010 May;50(5):749-60. Epub 2010 Mar 2.

- Gottman J (1998): Kinder brauchen emotionale Intelligenz: Ein Praxisbuch für Eltern.
- Grün A (2011): Kämpfen und lieben: Wie Männer zu sich selbst finden.
- H&R Consulting und Personalberatung (2011)
- Hay LL (2009): Heile deinen Körper: Seelisch-geistige Gründe für körperliche Krankheit und ein ganzheitlicher Weg, sie zu überwinden.
- Hermann, Judith (1993): Die Narben der Gewalt
- Hirigoyen, Marie-France und Michael Marx (2002): Masken der Niedertracht: Seelische Gewalt im Alltag und wie man sich dagegen wehren kann
- Hodgkinson, Tom (2007): Anleitung zum Müßiggang
- Huber, Michaela (2009): Von der Dunkelheit zum Licht
- Jarosch L und Grün A (2010): Königin und wilde Frau: Lebe, was du bist!
- Kabat-Zinn M und Kabat-Zinn J (2011): Mit Kindern wachsen: Die Praxis der Achtsamkeit in der Familie.
- Kogon E (1988): Der SS-Staat – das System der deutschen Konzentrationslager.
- Kosnick RA (2011): Frei von Zuckersucht – Ein 10-Schritte-Programm.
- Küng H (2005): Die Heiligen Schriften der Welt: Die Bibel – Christentum, Die Tora – Judentum, der Koran – Islam, Die klassischen Schriften des Hinduismus, etc. 5 Bände.
- Küstenmacher WT, Seiwert L (2008): Simplify your life. Einfacher und glücklicher leben.

- Lama D und Ekman P (2011): Gefühl und Mitgefühl: Emotionale Achtsamkeit und der Weg zum seelischen Gleichgewicht.
- Leong KS (2009): Anleitung zum Glücklichsein: 100 Zengeschichten für das neue Jahrtausend.
- Leucht, Stefan et al. (2012): Putting the efficacy of psychiatric and general medicine medication into perspective: review of meta-analyses. The British Journal of Psychiatry, 200: 1–10
- Master FJ (2011): Milchmittel in der Homöopathie.
- Moeller ML (2010): Die Wahrheit beginnt zu zweit: Das Paar im Gespräch.
- Morgan M (1998): Traumfänger: Die Reise einer Frau in die Welt der Aborigines.
- Neumann, Wolfgang und Süfke, Björn (2004): Den Mann zur Sprache bringen – Psychotherapie bei Männern. Dgvt-Verlag, S. 109+110
- Niederland WG (1980): Folgen der Verfolgung. Das Überlebenden-Syndrom Seelenmord.
- Orbach S (2003): Lob des Essens.
- Riemann C und Von Schirach V (2006): Der tiefe Brunnen: Astrologie und Märchen.
- Rosen S und Erickson MH (2011): Die Lehrgeschichten von Milton H. Erickson.
- Rosenthal G (1997): Der Holocaust im Leben von drei Generationen: Familien von Überlebenden der Shoah und von Nazi-Tätern.
- Rudolf, AE (1999): Therapieschemata, Psychiatrische Therapie
- Sack et al. (2010): Association of nonsexual and sexual traumatizations with body image and

psychosomatic symptoms in psychosomatic outpatients. Gen Hosp Psychiatry. 2010 May-Jun;32(3):315-20.
- Salber W (1999): Werkausgabe: Psychologische Märchenanalyse.
- Schaper M (2011): GEO Kompakt: Das Rätsel Zeit. Wie Physiker das Phänomen Zeit erklären. Weshalb sich der Takt des Lebens beschleunigt. Wie das Gehirn Zeit misst und archiviert.
- Schnabel U und Sentker A (2004): Wie kommt die Welt in den Kopf?
- Schneider J et al. (2008): EMDR in the treatment of chronic phantom limb pain. Pain Med. 2008 Jan-Feb;9(1):76-82.
- Schneider M (2012): Stressfrei durch Meditation: Das MBSR-Kursbuch nach der Methode von Jon Kabat-Zinn.
- Schützenhöfer, Louis (2004): In aller Liebe – Wie Mütter ihre Kinder unglücklich machen
- Shoshanna B (2010): Furchtlosigkeit: Die sieben Prinzipien eines friedvollen Geistes.
- Shoshanna B (2012): Zen und die Kunst, sich zu verlieben.
- Simonic E et al. (2010): Childhood and adulthood traumatic experiences in patients with psoriasis. J Dermatol. 2010 Sep;37(9):793-800.
- Spitzer et al. (2009): Trauma, posttraumatic stress disorder and physical illness: findings from the general publication. Psychosom Med. 2009 Nov;71(9):1012-7. Epub 2009 Oct 15.
- Spitzer et al. (2011): Association of airflow limitation with trauma exposure and post-

traumatic stress disorder. Eur Respir J. 2011 May;37(5):1068-75. Epub 2010 Aug 20.
- Spitzer et al. (2012): Childhood trauma in multiple scleroses: a case-control study. Psychosom Med. 2012 Apr;74(3):312-8
- Spitzer, Manfred (2003): Verdacht auf Psyche
- Stiftung Warentest (2011): Positive Wirkung von Psychotherapie
- Stone H und Stone SL (2005): Liebe bleibt solange sie tanzt: Partnering – Die andere Art, Beziehung zu leben.
- Strehlow, Wighard (2000): Hildegard-Heilkunde von A bis Z
- Subic-Wrana C et al. (2011): Unresolved attachment and remembered childhood trauma in patients undergoing psychosomatic inpatient treatment. Z Psychosom Med Psychother. 2011;57(4):325-42.
- Surtees PG et al. (2011): Life stress, emotional health, and mean telomere length in the European Prospective Investigation into Cancer (EPIC) Norfolk population study. J Gerontol A Biol Sci Med Sci. 2011 Nov;66(11):1152-62. Epub 2011 Jul 25.
- Suzuki S et al. (2009): Zen-Geist, Anfänger-Geist: Unterweisungen in Zen-Meditation.
- Szyf M (2011): The early life social environment and DNY methylation: DNA methylation mediating the long-term impact of social environments early in life. Epigenetics. 2011 Aug;6(8):971-8. Epub 2011 Aug 1.
- Tosevski DL und MP Milovancevic (2006): Stressful life events and physical health. Curr Opin Psychiatry. 2006 Mar;19(2):184-9.

- Van den Heuvel, Michael (2012): Psychotrauma: Die Wisch-und-Weg-Pille
- Von Känel et al. (2010): Momentary stress moderates procoagulant reactivity to a trauma specific interview in patients with posttraumatic stress disorder caused by myocardial infarction. J Psychiatr Res. 2010 Oct;44(14):956-63. Epub 2010 Apr 8.
- Von Känel R (2006): Altered blood coagulation in patients with posttraumatic stress disorder. Psychosom Med. 2006 Jul-Aug;68(4):598-604.
- Von Känel R (2007): Evidence for low-grade systemic proinflammatory activity in patients with posttraumatic stress disorder. J Psychiatr Res. 2007 Nov;41(9):744-52. Epub 2006 Aug 9.
- Walsh ND undKahn-Ackermann S (2006): Gespräche mit Gott: Ein ungewöhnlicher Dialog.
- Walter S et al. (2011): Pain and emotional processing in psychological trauma. Psychiatr Danub. 2010 Sep;22(3):465-70.
- Watzlawick P (2009): Anleitung zum Unglücklichsein.
- Wieland HJ (2010): Warum Buddha nicht raucht: Wie Sie auf dem buddhistischen Weg ein neues Leben als Nichtraucher beginnen.

www.ingramcontent.com/pod-product-compliance
Lightning Source LLC
Chambersburg PA
CBHW060825170526
45158CB00001B/88